Pflanzenöl & mein Dieselmotor

Do It Yourself Umrüstung von KFZ
auf den Betrieb mit Pflanzenöl

2. Auflage 2005
® Michael Nörtersheuser
Alle Rechte vorbehalten
Herstellung und Verlag: Books on Demand GmbH, Norderstedt
ISBN 3-8334-0268-7

Achtung bitte unbedingt beachten!

Die Verwendung von Pflanzenölen oder Fetten in Dieselmotoren ohne eine sachgemäße technische Umrüstung kann zu Betriebsstörungen des Fahrzeugs, sowie zu Schäden an Motor und Einspritzanlage führen. Es wird ausdrücklich darauf hingewiesen, dass die Kenntnisnahme oder Nachahmung der im folgenden aufgeführten Informationen auf eigene Gefahr des Lesers geschehen und der Autor dieses Buches keinerlei Haftung übernimmt für Personen oder Sachschäden sowie Gesetzesübertretungen, die sich daraus ergeben könnten. Manche der gezeigten Umbauten erfordern einen Eintrag in die Fahrzeugpapiere, sowie technisches Verständnis und Können zur eigenständigen Durchführung. Alle auf diesen Seiten wiedergegebenen Markennamen und Bezeichnungen sind Eigentum der jeweiligen Firma und als eingetragene Marke oder durch Copyright geschützt. Dies gilt für Produktbezeichnungen, Firmennamen, Materialbezeichnungen usw. auch wenn nicht besonders gekennzeichnet. Dieses Buch versteht sich als Erfahrungsbericht ohne Anspruch auf Vollständigkeit.
Dieses Buch versteht sich nicht als Rechtsberatung, sondern stellt ausschließlich die persönliche Meinung des Autors dar! Alle Angaben ohne Gewähr.

Vorwort

Reines Pflanzenöl als Kraftstoff für Dieselmotoren ist in den vergangenen Jahren zunehmend in das Interesse der Autofahrer gerückt, ist es doch eine perfekte Möglichkeit in Zeiten steigender Lebenshaltungskosten die Betriebskosten eines Diesel-KFZ drastisch zu reduzieren.
Weitere Argumente für die Nutzung von Pflanzenöl als Kraftstoff sind ökologische Aspekte und politische Unabhängigkeit vom Erdölmarkt.
Da Pflanzenöl in seinen Eigenschaften, denen des Dieselkraftstoffs sehr ähnlich ist, sind besonders an älteren Dieselmotoren nur wenige technische Veränderungen nötig, um den alternativen Kraftstoff nutzen zu können. Diese Veränderungen sind in der Masse selbst vom Laien durchführbar, wodurch sich die Kosten der Umrüstung auf niedrigem Niveau halten.

Noch vor einiger Zeit belächelt und in der Presse bestaunt, ist Pflanzenöl längst kein exotischer Versuchs-Kraftstoff mehr, sondern eine ernst zunehmende Konkurrenz zu herkömmlichen oder den synthetischen Kraftstoffen.

Pflanzenöl ist ein regenerativer Stoff, er wächst nach! Verbrauchtes Erdöl ist für immer verloren! Pflanzenöl verbrennt CO_2 neutral, denn bei der Verbrennung wird nur so viel CO_2 in die Atmosphäre abgegeben, wie vorher von der Pflanze aufgenommen wurde! Die Verbrennung von Erdöl fördert durch zusätzlichen Eintrag von CO_2 in die Luft den Treibhauseffekt. Pflanzenöl verbrennt sauberer als Diesel. Pflanzenöl ist biologisch abbaubar! Erdöl verursacht bei Unfällen (Tankerkatastrophen) Umweltschäden von gigantischem Ausmaß! Die Herstellung von Pflanzenöl ist einfach und verbraucht wenig Energie! Die Herstellung von Dieselkraftstoff ist ein aufwendiger, energieintensiver Prozess! Die Transportwege von Pflanzenöl sind klein, die von Erdöl riesig! Der neue Markt für Pflanzenöl stärkt heimische Landwirte! Um das Erdöl wird jetzt schon in der Welt gestritten, wie wir alle wissen!
Es ist also das gute Gefühl des Umweltbewusstseins und der Unabhängigkeit vom Erdölmarkt, gepaart mit ein wenig Erfindungsgeist und der Freude am Basteln, was mich dazu bewegt hat, vor 80 000 Kilometern damit zu beginnen mein Fahrzeug mit Pflanzenöl zu betanken. Und es bewegt mich noch...
Dieses Buch soll dem interessierten Leser helfen, die Technik seines Autos, die Umbauschritte und Verfahren besser zu verstehen und ihm bei der Umrüstung seines eigenen Fahrzeugs helfen. Mit Anleitung, Tipps und Fehlersuche.

Selber umrüsten, oder umrüsten lassen?

Egal für welche Version man sich auch entscheidet, es ergeben sich bei beiden Möglichkeiten Vor- und Nachteile. Wer gerne an seinem Auto schraubt und sich die beschriebenen Verfahren zutraut, für den ist es sicherlich ein tolles Erlebnis, sein eigenes Fahrzeug zum Pflanzenölverbrenner umzurüsten. Das schlagende Argument ist natürlich, dass der Eigenbau extrem günstig ist und die Investition sich auf diese Weise schnell bezahlt macht, ganz nebenbei lernt man aber auch noch eine ganze Menge über Dieselmotoren, KFZ-Technik und Physik.

Wer weniger Ahnung vom Schrauben hat, oder die erforderliche Zeit / Lust nicht mitbringt, dem seien die professionellen Umrüster empfohlen. Die Kosten des Umbaus sind zwar höher als beim Eigenumbau, dafür muss man nicht selbst Hand anlegen und hat auf den Umbau eine Garantie !

Gibt es genug Pflanzenöl? Rechnet sich das?

Immer wieder werde ich auch darauf angesprochen, ob es genug Pflanzenöl gibt, um alle Dieselfahrzeuge mit diesem Kraftstoff zu betreiben. Es gibt Studien über die Fläche Deutschlands, die für diesen Zweck mit Raps angebaut sein müsste, klar, dass diese Vorstellung unrealistisch ist und dass die Menge an Rapsöl nicht ausreicht! Und deshalb argumentieren die Gegner auch oft damit, dass eine flächendeckende Nutzung dieses Kraftstoffs unmöglich ist und somit Rapsöl keine Bedeutung als Kraftstoff zukommt. Nun, was ist denn mit Biodiesel, dieser wird doch auch aus Pflanzenölen hergestellt? Es wird also der gleiche Rohstoff benutzt und neuerdings wird sogar teilweise Biodiesel bis zu 5% dem Dieselkraftstoff beigemischt...direkt bei der Raffinerie. Stellt sich die Frage warum man das tut, wenn Biokraftstoffe keine Bedeutung haben!

Es stellt sich nicht die Frage ob wir genug Pflanzenöl für den Moment haben, es kümmert sich ja auch offensichtlich keiner darum, wie lange unsere Erdölvorräte noch halten und es wird weiter munter verpulvert. Stellt jemand in Frage, ob man mit Windmühlen den gesamten Strombedarf Deutschlands decken kann? Kommt deshalb dieser sauberen (wenn auch nicht unumstrittenen) Energie keine Bedeutung zu?

Die wesentliche Erkenntnis ist, **dass** Pflanzenöl als Kraftstoff nutzbar ist und das es im Gegensatz zu Dieselkraftstoff nachwächst! Lasst uns gemeinsam sparen, Wege der alternativen Energie beschreiten, autark werden, Innovationen in diesem Bereich vorantreiben und unsere Ressourcen sowie die Luft und das Klima schützen!

Wie schon gesagt, sparen kann man, wenn man nicht alle Fehler selbst machen muss und besonders, wenn Altpflanzenöl verfeuert wird. Aber die Frage nach der Wirtschaftlichkeit steht in diesem Fall genauso wenig im Vordergrund, wie es jemanden, der eine Photovoltaik – Anlage auf seinem Dach hat, stört, dass es sehr lange dauert, bis sich diese Investition bezahlt macht.

Ist die Rapsölnutzung wirklich ökologisch?

Zunächst einmal ein klares : Ja!
Ich möchte hier wirklich keine gesamte Ökobilanz vorstellen, dazu spielen zu viele Faktoren bei dieser Betrachtung eine Rolle. Ich möchte lieber dieses Kapitel nutzen, um einige Denkanstöße oder Diskussionsgrundlagen zu liefern.

Eines sollte uns allen klar sein: Mit Pflanzenöl zu fahren ist so eine Art Lücke ... Eine Lücke im Steuergesetz, denn hieran verdient der Staat sehr viel weniger, als am Diesel. Deshalb darf man kaum erwarten, dass man von staatlicher Seite zu diesem Thema starke Zustimmung erfährt. Das Gegenteil wird der Fall sein, entweder mit einer zukünftig höheren Besteuerung oder in der Verteufelung des Pflanzenöls als unökologisch.
Eine Lücke in der Forschung, denn Pflanzenöl ist schon da und kann als Kraftstoff genutzt werden. Das wird aber nicht großflächig realisiert, sondern es wird lieber nach synthetischen Dieselkraftstoffen geforscht. Nur um es nochmals zu erwähnen: auch diese werden aus Biomasse hergestellt!

Vieles habe ich ja schon im Vorwort angedeutet, aber nehmen wir direkt das größte Argument der Pflanzenölgegner: "Bei stärkerer Nutzung von Pflanzenöl als Kraftstoff steigt die Flächennutzung und der Eintrag von Pestiziden und Kunstdünger ins Grundwasser". Auf den ersten Blick ist dem wohl wenig entgegenzusetzen, doch andere Pflanzen, wie Getreide oder Kartoffeln, brauchen ja ebenfalls Pestizide und Dünger! Außerdem kann man nicht jedes Jahr auf der gleichen Fläche Raps anbauen, denn die Fruchtfolge muss für einen besseren Ertrag eingehalten werden. Es fordert ja auch niemand, dass man weniger Gemüse und Obst essen sollte, aus Rücksicht auf den während des Anbaus entstandenen Umweltschaden durch Dünger und Pestizide. Im Übrigen, was ist schon das bisschen Dünger im Wasser im Verhältnis zum Erdöl im Wasser bei Tankerunglücken, bei undichten Pipelines, beim Umtanken, auf Bohrinseln usw.?
Niemand würde für den Rapsanbau Wälder abholzen wollen, sondern nur die verfügbare Anbaufläche nutzen.
Es gibt Studien darüber, dass die Versorgung mit Erdöl noch über Jahrzehnte gesichert ist und davon ausgegangen werden kann, dass weitere riesige bisher unentdeckte Vorkommen die Prognosen bei weitem überschreiten. Aber kann es wirklich das Ziel sein, weiterhin so verschwenderisch mit unseren Ressourcen umzugehen? Sollten wir nicht lieber mit diesen Stoffen haushalten, gerade weil sie so vielfältig einsetzbar (z.B. für Kunststoffe und Arzneimittel) und eigentlich viel zu schade zum Verbrennen sind? Mal ganz zu schweigen von dem CO_2-Problem!
CO_2 steht im Verdacht den Treibhauseffekt zu verstärken, wirklich bewiesen ist das aber nicht, es ist eher ein Modell. Fossile Brennstoffe, also Erdöl und Kohle, wurden gebildet von Pflanzen und Organismen, die vor vielen Millionen Jahren existierten. Zu dieser Zeit herrschten auf der Erde viel höhere Konzentrationen von CO_2 in der Luft, als es heute der Fall ist. Dieses CO_2 wurde durch den

Kreislauf der Natur in diesen Lebewesen als Baustoff eingebaut, in Form von Kohlenstoff. Durch besondere Umstände wurden diese Organismen nach ihrem Tod nicht vollständig abgebaut sondern sozusagen in anderer Form mumifiziert, bis heute. Da der in ihnen eingelagerte Kohlenstoff dem natürlichen Kreislauf so nicht mehr zur Verfügung stand, änderte sich langsam die Zusammensetzung der Atmosphäre, der CO_2 Gehalt sank, der Sauerstoffgehalt stieg. Dieser Vorgang vollzog sich über einen sehr langen Zeitraum und das Leben auf der Erde hatte die Möglichkeit, sich auf die veränderten Bedingungen einzustellen.

Wenn wir regenerative Energie verwenden, ändern wir an der Situation nichts. Ich heize zum Beispiel mein Haus mit Holz. Klar kommt aus dem Schornstein CO_2, doch genau dieses CO_2 wurde von dem Baum in den letzten 30 Jahren aus der Luft aufgenommen. Das Ergebnis ist nun wieder ausgeglichen. Mein Auto fährt mit Pflanzenöl, aus dem Auspuff kommt natürlich CO_2, aber genau dieses wurde im letzten Sommer auf dem Feld nebenan von der Rapspflanze aus der Luft aufgenommen. Ergibt wieder ein ausgeglichenes Ergebnis. Im Endeffekt ändert sich an der Luftzusammensetzung nichts.

Heize ich aber nun mein Haus mit Erdgas oder Öl und fahre mit Dieselkraftstoff, dann verbrenne ich fossile Energieträger und reichere die Luft mit CO_2 an. Auch dieses CO_2 wurde einst von Organismen der Luft entzogen...aber vor Millionen von Jahren! Verbrennen wir nun alle diese fossilen Energieträger, dann verändern wir in wenigen Jahren unsere Atmosphäre wieder in den Zustand, in der sie vor Millionen von Jahren einmal war. Die Natur hat aber keine Möglichkeit, sich in der kurzen Zeit auf die neue Situation anzupassen. Welche Folgen das haben wird, das weiß wohl keiner, doch eines ist jetzt schon klar: Eine massive Veränderung unserer Umwelt bringt für jedes Individuum des Ökosystems massive Veränderungen mit sich. Einige Arten des Ökosystems Erde werden ihren Lebensraum, ihre ökologische Nische, verlieren und aussterben. Damit sind wieder andere Organismen ihrer Nahrungsquelle beraubt und sterben ebenfalls aus. Andere Arten werden die neu entstandenen Lücken besetzen und sich vermehren. Die Gründe und Zusammenhänge der Natur sind extrem komplex und kaum zu verstehen, nach der Chaostheorie könnte sogar der Flügelschlag eines Schmetterlings in Südamerika, das Wetter bei uns bestimmen. Was ist, wenn dieser Schmetterling durch eine Dürre, verursacht durch höhere Durchschnittstemperaturen, ausstirbt ?

CO_2 -Kohlendioxid- ist ein Gas. Dieses Gas wird von den Pflanzen auf der Unterseite der Blätter eingeatmet und mit Hilfe der Photosynthese -einer Energiegewinnung durch Sonnenlicht- gespalten in Kohlenstoff und Sauerstoff. Der Kohlenstoff bildet den Baustein für die Pflanze, entweder als Konstruktionsstoff zum Wachsen, oder in Form von Zucker oder Fetten als Speicherstoff. Der Sauerstoff wird wieder ausgeatmet. So gewinnt die Pflanze Ihre Energie ohne etwas zu „essen", die Pflanze lebt von der Sonnenenergie und speichert diese. Tiere oder der Mensch müssen nun, um Ihren Energiebedarf zu decken, die Pflanze essen, den in der Pflanze gespeicherten Kohlenstoff aufnehmen und verbrennen (Verbrennen geht in unserem Körper auch ohne Flamme, die chemische Reaktion ist die gleiche). Den dafür benötigten Sauerstoff atmen wir ein, das bei der Verbrennung entstehende CO_2 atmen wir wieder aus. Dieses CO_2 wird nun von der Pflanze wieder eingeatmet und der Kreislauf schließt sich. Man sieht , dass es -von der CO2 Bilanz- völlig unerheblich ist, ob ich das Pflanzenöl esse oder ob ich damit Auto fahre ! Es ist egal ob ich das Holz im Ofen verbrenne oder der Holzwurm es auffrisst oder der Pilz es zersetzt, abgesehen davon, dass der Holzwurm Hunger hat. Das ist -wenn auch sehr vereinfacht- Ökologie!

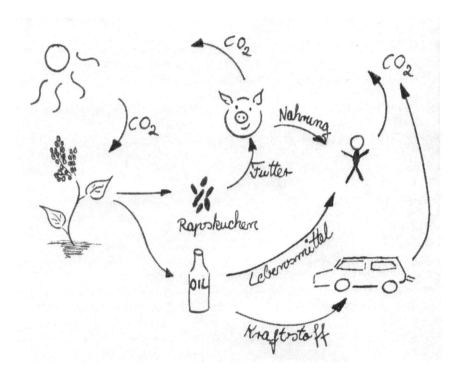

Natürlich wird durch den Rapsanbau ebenfalls Mineralöl verbraucht, so verbrauchen die Traktoren und die LKWs, die das Rapsöl transportieren, Dieselkraftstoff (beide könnten aber auch mit Rapsöl fahren). Die Mühle verbraucht Energie und ich werde noch darauf zu sprechen kommen, dass man bei Pflanzenölbetrieb öfter sein Motoröl wechseln muss! Doch wie sieht es im Gegensatz dazu bei der Gewinnung, der Verarbeitung und dem Transport von Erdöl aus?
Wie abhängig sind wir vom Erdöl geworden, was lassen wir uns alle gefallen, weil es so bequem ist und wir deshalb diesen Stoff so lieben gelernt haben! Wie wird uns damit die Selbstbestimmung genommen! Ich will nicht übertreiben, aber wenn die Rapsernte schlecht war, sehe ich ein, dass mein Kraftstoff teurer wird, beim Eröl versteht wohl keiner die Zusammenhänge so richtig.

Klar, jeder Mensch verbraucht Energie und verschmutzt die Umwelt, das lässt sich auch gar nicht vermeiden. Auch ich benutze oft aus Bequemlichkeit mein

Auto, obwohl ich so manchen Weg auch mit dem Rad erledigen könnte und mein Hobby Motorradfahren ist sicher reine Benzinverschwendung, da die Fahrerei keinen wirtschaftlichen Nutzen beinhaltet. Ich will kein ÖKO-Apostel sein, sondern zeigen, wie man mit geringem Aufwand und der Freude an der Technik nicht nur Geld, sondern auch Rohstoff sparen kann und obendrein auch noch ökologisch lebt.

Ist das eigentlich erlaubt?

Zur Zeit: Ja, denn in Deutschland gilt ab dem 1.1.2003 bis zum 31.12.2009 eine befristete Steuerbefreiung aller Biokraftstoffe. Damit auch andere Biokraftstoffe neben dem Biodiesel (RME) auf dem Markt Chancen haben, haben Bundestag und Bundesrat am 7. und 21.6.2002 die Steuerbegünstigung für Biokraftstoffe beschlossen. Damit ist es nun möglich, Mischungen von Biokraftstoffen mit fossilen Brennstoffen zu vermarkten und zu benutzen, ohne dass man Steuerhinterziehung begeht! Die Mineralölsteuerbelastung des Gemisches wird um den sich aus dem Biokraftstoffanteil ergebenden Steueranteil ermäßigt. Allerdings wird diese Steuerbegünstigung nur auf Antrag als Erlass oder Erstattung gewährt. Darüber hinaus möchte die EU Biokraftstoffe fördern und deshalb gibt es heute schon mit Biokraftstoff versetze Mineralölkraftstoffe direkt von der Tankstelle.

Bis vor kurzem wurde Pflanzenöl als Lebensmittel versteuert und unterlag somit nicht der Mineralölsteuer. Der Pflanzenölfahrer brauchte sich keine Gedanken darüber zu machen, ob er Steuerhinterziehung begeht. Durch eine Neuerung im Mineralölsteuergesetz bestimmt aber nun der erkennbare Verwendungszweck des Pflanzenöls seine Besteuerung. Wird es als Lebensmittel verwendet, dann wird es als Lebensmittel versteuert. Eine andere Möglichkeit ist, Pflanzenöl als technisches Pflanzenöl (etwa als Betontrennmittel) anzusehen. Da es hier keine Auflagen -z.B. Lagervorschriften- gibt, wird nun schon an ehemaligen Tankstellen für Pflanzenöl nur noch technisches Pflanzenöl verkauft. Man gibt dem Kind einen anderen Namen. Allerdings darf in diesem Fall keine Zapfanlage vorhanden sein, denn dann wird eindeutig darauf geschlossen, dass dieses Pflanzenöl als Kraftstoff Verwendung finden soll. Wird Pflanzenöl bevorratet mit der erkennbaren Absicht es als Kraftstoff zu verwenden, unterliegt es nach der neuesten Gesetzeslage der Mineralölsteuer! Wer größere Mengen davon bevorratet oder sogar noch an andere abgibt ist faktisch nun Mineralölhersteller. Die Steuer beträgt zwar, wegen der schon angesprochenen Befreiung der Biokraftstoffe derzeit 0%, doch diese Befreiung wird ja nur auf Antrag gewährt. Durch diesen Antrag wird die Menge an Biokraftstoff ermittelt, für die der Staat EU-Gelder beziehen kann. Weiterhin werden somit die Pflanzenöltankstellen registriert und der Weg geebnet, Biokraftstoffe in Zukunft mit einem regulären Steuersatz zu belegen.

Für uns Pflanzenöltanker bedeutet das folgendes : Wer mit seinem Auto zur Pflanzenöltankstelle fährt, der handelt völlig legal! Ein paar Kisten Pflanzenöl in

Flaschen kann man im Falle des Falles gut erklären, wer aber nun mit dem Gedanken spielt, sich zu Hause größere Mengen Pflanzenöl einzulagern, um bequem mit der eigenen Zapfanlage im Vorgarten zu tanken, der sollte sich das Pflanzenöl von jemandem kaufen, der das Öl bereits als Kraftstoff vertreibt. Dann ist es bereits als Biokraftstoff vorgesehen und mit derzeit 0% versteuert (zu Nachweiszwecken die Rechnung behalten). Ändert man aber den vorgesehenen Verwendungszweck (also wenn das Öl eigentlich als Lebensmittel oder für technische Zwecke vorgesehen war), dann ist man Mineralölhersteller geworden und muss die Genehmigungen dazu einholen und die Steuerbefreiung beantragen. Wer natürlich gerade baut, der darf natürlich auch einen größeren Vorrat an Betontrennmittel bevorraten aber ohne Zapfanlage, versteht sich! Legal ist es also in jedem Fall! Nur wenn man Pflanzenöl in größeren Mengen als Kraftstoff lagert oder gar verkauft, muss man einen gewissen bürokratischen Aufwand in Kauf nehmen.

In diesem Zusammenhang ein wichtiger Hinweis: In einigen Ländern gibt es eine Kraftstoffsteuer! Wer dort ahnungslos das Pflanzenöl in den Tank kippt, kann sehr schnell mit dem Gesetz in Konflikt kommen. Außerdem unterliegt Pflanzenöl als Lebensmittel gewissen Zollbestimmungen, dieser Umstand kann an Grenzübergängen zu Problemen führen, besonders im Augenblick, da die Nutzung von Pflanzenöl als Kraftstoff noch recht unbekannt ist. Das Sicherste ist, bei Auslandsreisen Diesel zu tanken.

Weiterhin gilt nach §19 STVZO, dass die Betriebserlaubnis des Diesel-Fahrzeuges weiter besteht, wenn es anstelle von Diesel mit Rapsöl oder Rapsölmethylester (RME) betrieben wird. Voraussetzung dabei ist jedoch, dass keine Fahrzeugteile verändert werden, deren Ausführung vorgeschrieben ist. Allerdings muss das Fahrzeug auch nach der Umrüstung die zulässigen Grenzwerte für die Abgasuntersuchung einhalten, was eine gewissenhafte Umrüstung -und zur Kontrolle eine neue Abgasuntersuchung- notwendig macht. Das sollte die Sache wert sein, denn wir wollen ja die Umwelt schützen!

Ist Pflanzenöl Biodiesel?

Immer wieder werden diese beiden Begriffe verwechselt. Pflanzenöl kann einer der Ausgangsstoffe für die Herstellung von Biodiesel sein. In einem chemischen Verfahren wird das Pflanzenöl zu Biodiesel umgewandelt und ihm so eine geringere Viskosität verliehen um den Kraftstoff an das Motorprinzip anzupassen. Leider wird dieser Vorteil mit einem riesigen Nachteil erkauft, denn Biodiesel RME (Rapsmethylester) erhält dadurch lösungsmittelähnliche Eigenschaften. Diese Eigenschaften bemerkt man an aufgequollenem Kunststoff und zerstörten Dichtungen, wenn diese längere Zeit mit Biodiesel in Berührung kommen und das Fahrzeug nicht dafür ausgelegt ist, sprich biodieselbeständige Dichtungen besitzt. Die auftretenden Probleme können sehr kostspielig sein, wenn dadurch zum Beispiel die Einspritzpumpe undicht wird. Es ist dringend davon abzuraten, Biodiesel zu tanken, wenn keine Herstellerfreigabe besteht, da man insbesondere seine Garantie-Ansprüche verliert. Biodiesel, also RME, ist zur Zeit stark im Rückzug, da immer mehr Hersteller die Freigaben für ihre Motoren verweigern. Begründet wird dies mit der schwankenden Kraftstoffqualität und den sich daraus ergebenden Problemen bei importiertem Biodiesel. Hier wurde jetzt eine einheitliche EU Kraftstoffnormung für Biodiesel verabschiedet um diesen Problemen entgegenzuwirken. Geforscht wird, wie schon erwähnt, an einem neuen Kraftstoff für Dieselmotoren aus Biomasse. Auch hier ist der volkswirtschaftliche Nutzen sehr fragwürdig, denn auch dieser Kraftstoff wird sich, genauso wie RME, nur mit staatlicher Förderung auf dem Markt behaupten können und die technische Eignung wird der Kunde testen. Der Preis für Biodiesel richtet sich nach dem Dieselpreis, somit fällt die Einsparung für den Anwender doch recht gering aus.

Weiterhin ist die Energiebilanz von Biodiesel nicht so positiv wie die von reinem Pflanzenöl, da bei der Herstellung weitere Energie verbraucht wird, bevor der Stoff als Kraftstoff eingesetzt werden kann.

Pflanzenöl hingegen besitzt keine lösungsmittelähnlichen Eigenschaften, dafür aber eine höhere Viskosität. Nur der Vollständigkeit halber: Auch durch das Verwenden von Pflanzenöl verliert man seine Garantieansprüche innerhalb der Garantiezeit eines Neuwagens, es sei denn, man hat die Umrüstung bei einer Firma durchführen lassen, die dann die Garantie für den Motor übernimmt!

 Tipp: Diese lösungsmittelähnlichen Eigenschaften von RME kann man sich zu Nutze machen, denn man kann mit Biodiesel prima Verkokungen beseitigen oder Motorteile reinigen, teilweise besser und verträglicher als mit anderen Mitteln.

Was sagt der TÜV, die ASU ?

Veränderungen an der Kraftstoffanlage, Wärmetauscher, Kraftstoffheizungen, Zusatztanks, Standheizungen...bedürfen entweder einer Unbedenklichkeitsbescheinigung des Herstellers oder der Einzelabnahme beim TÜV. Am besten fährt man zum zuständigen TÜV, um sein Vorhaben zu erläutern und sich die Vorschriften kurz darlegen zu lassen. Dies hat den Vorteil, dass man nichts vergisst, den Vorschriften entsprechend umrüstet und sich ärgerliche und teure Nachbesserungen erspart.

Nach einer technisch gut ausgeführten Umrüstung ist das Erreichen der Abgas-Grenzwerte kein Problem, meist wird man sogar angenehm durch verbesserte Werte überrascht, besonders im Faktor „Trübungswert".

Es ist jedoch nicht ganz korrekt, denn die Abgasuntersuchung ist eigentlich für Dieselkraftstoff genormt. Tankt man nun einen anderen Kraftstoff, dann müsste, wenn man es genau nimmt, der Messung ein anderer Referenzkraftstoff zugrunde liegen!

Nach der erfolgreichen Umrüstung stellt man oft subjektiv ein verbessertes Abgasverhalten fest: Das Auto rußt weniger! Das liegt an im Pflanzenöl gebundenem Sauerstoff und an dem geringeren Brennwert von Pflanzenöl, so ist der Luftmengenüberschuss Lambda>1 in allen Betriebszuständen gewährleistet. Die durch diesen erhöhten Sauerstoffanteil leicht erhöhten Brennraumtemperaturen, sorgen für einen besseren Rußabbrand (leider aber ohne Abgasrückführung für einen erhöhten Ausstoß an Stickoxiden). Weiterhin enthält Pflanzenöl keinen Schwefel und deshalb kommen aus dem Auspuff keine Schwefeloxide heraus, die für den sauren Regen verantwortlich gemacht werden. Weiterhin ist es auch der Schwefelanteil im Kraftstoff, der sich negativ auf das Rußverhalten des Fahrzeugs auswirkt. Schwefeloxide verbinden sich mit Wasser zur schwefligen Säure, welche den Auspuff von innen zerfrißt. Das bedeutet, dass mein Auspuff jetzt länger hält und der Wald länger lebt!

Ändert sich nach der Umrüstung die KFZ-Steuerklasse?

Dazu ein klares nein! Bei der selbst gebastelten Umrüstung ändert sich an der Steuerklasse des Fahrzeuges nichts, weil man weiterhin Diesel tanken kann. Das ist auch gut so, damit bleibt man unabhängig. Manche Umrüster werben mit einer besseren Steuerklasse nach der Umrüstung. Da diese Fahrzeuge meines Wissens aber notfalls auch in der Lage sind Diesel zu tanken, muss diese Einstufung an einer gesonderten Abgasreinigung mit speziellem Gutachten oder an einer anderen technischen Raffinesse liegen.
Da man durch die Preisdifferenz zwischen Pflanzenöl und Diesel eine Menge Kosten einsparen kann, hat man die Steuer schnell wieder erwirtschaftet, schlechter wird die Steuerklasse ja auch nicht!

Hat mein Auto dann weniger Leistung / Verbrauch?

Pflanzenöl besitzt einen etwas geringeren Energiegehalt (Heizwert) als Dieselkraftstoff. So kann der Verbrauch des Fahrzeuges geringfügig ansteigen. Meine Aufzeichnungen belegen 0,5Liter/100km mehr Verbrauch (dieser Mehrverbrauch hat aber bei mir etwas mit der elektrischen Krafftstoffheizung und mehr Gewicht durch meinen zweiten Tank zu tun). Bedingt durch den minimal geringeren Heizwert muss -bei gleich eingespritzter Kraftstoffmenge- die Motorleistung abnehmen. Dieser Effekt ist zwar rechnerisch nachweisbar, in der Praxis aber selten von Bedeutung, es sei denn man rennt jedem PS hinterher. Meine eigenen Erfahrungen zeigen allerdings ein ganz anderes Bild, denn ich erreiche seit der Umrüstungsaktion eine um ca. 10 km/h schnellere Endgeschwindigkeit als in den Fahrzeugpapieren angegeben. Das Auto hat subjektiv mehr Anzug und einen ruhigeren Motorlauf. Eine Erklärung wäre, dass dies nicht von dem Pflanzenöl herrührt, sondern daran liegt, dass ich mich während der Umrüstung intensiv mit der Fahrzeugtechnik beschäftigt habe und hier optimiere und da noch etwas einstelle. Gute Wartung und eine perfekte Einstellung sind das Wichtigste, besonders bei modernen Dieselmotoren. Allerdings machen diese Erfahrung viele der Pflanzenölverwender, so dass man vermuten kann, dass Pflanzenöl doch einen positiven Einfluss auf die Performance des Motors hat. Eine plausible Erklärung, warum die Leistung des Motors mit Pflanzenölbetrieb ansteigt wäre, dass durch die höhere Viskosität die Leckverluste am Verteilerkolben geringer sind als mit Dieselkraftstoff, wodurch mehr Kraftstoff in den Zylinder gelangt. Eine andere wäre, dass Pflanzenöl, wenn es gezündet hat, schneller abbrennt und die Verbrennung dadurch einen höheren Gleichraumanteil (Stichwort: Seilinger Prozeß) erhält.

Unregelmäßigkeiten in Startverhalten, Leerlauf und Volllast, sowie Abgasverhalten müssen kritisch geprüft und ggf. auf technische Fehler untersucht werden, denn diese wirken sich negativ auf den Verbrauch, die Leistung und die Lebensdauer des Motors aus.

Welche KFZ Technik / Motoren sind für Pflanzenöl geeignet ?

Grundsätzlich erst einmal nur DIESELMOTOREN, da erwärmtes Pflanzenöl ähnliche Eigenschaften wie Dieselkraftstoff besitzt. Eine Auflistung sämtlicher Fahrzeuge, die für den Pflanzenölbetrieb geeignet sind bzw. die nach einer Umrüstung immer noch mit Pommesfahne unterwegs sind, würde den Rahmen dieses Buches sprengen.
In den letzten Jahren wurden immer mehr unterschiedliche Fahrzeuge wie Saugdiesel oder Turbodiesel mit Vor- oder Wirbelkammerprinzip, TDI's und sogar die modernsten Motoren auf Pflanzenölbetrieb umgestellt.
Es liegt anscheinend weniger an dem Motor selbst, ob er Pflanzenöl verträgt, sondern an der auf den speziellen Motortyp und auf die Besonderheiten der Einspritzanlage abgestimmten Umrüstung.
Grundsätzlich sind Vor- und Wirbelkammerdiesel gut geeignet, ihre Ausführung ist bewährt und nicht so hochgezüchtet, so dass die Bauteile ein wenig mehr Beanspruchung verkraften können. Auch das Vor- oder Wirbelkammerprinzip ist gerade für die Verwendung von Pflanzenölen geeignet.

Vorkammer-Motoren

Bei Vorkammer-Dieselmotoren wird der Kraftstoff in eine Kammer gespritzt, die nur durch eine schmale Öffnung mit dem Zylinder verbunden ist. Diese Vorkammer hat eine besondere Prallfläche, auf die der Kraftstoff trifft und abdampft. In diese Kammer ragt die Glühkerze und hier findet eine langsame Vorverbrennung unter Luftmangel statt. Im nächsten Bild ist eine Vorkammer abgebildet, so dass man ins Innere der Kammer blickt und man erkennt unten deutlich die zerfurchte Prallfläche. Im oberen Bereich befindet sich das Loch, dass dann in den Zylinder führen würde.

Im nächsten Bild blickt man von unten auf den Zylinderkopf. Hier befindet sich die Bohrung, welche die Vorkammer aufnimmt. Im Inneren kann man das Loch für die Mündung der Einspritzdüse erkennen, sowie die Glühkerze, die mit Ihrer Spitze in den Raum hinein ragt.

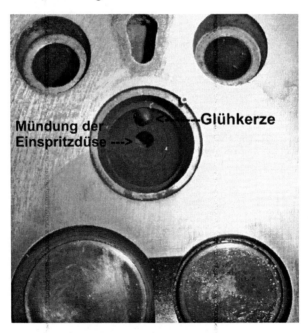

Im nächsten Bild ist die Vorkammer nun eingebaut.

14

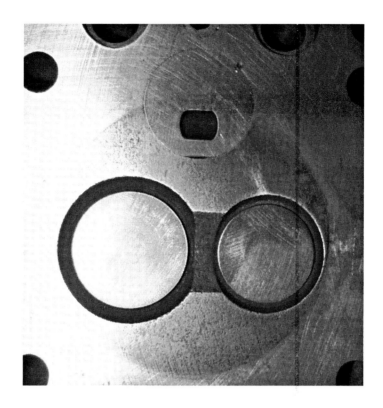

In dieser Vorkammer laufen so genannte Krackreaktionen ab und die großen Kraftstoffmoleküle zerfallen in kleinere, reaktionsträgere Bruchstücke. Der entstehende Überdruck befördert den Inhalt der Vorkammer in den Zylinder auf den Kolben, durch dessen Rillen oder Ausbuchtungen eine Verwirbelung im Brennraum stattfindet und die Nachverbrennung erfolgt. In der beschriebenen Vorkammer herrschen hohe Temperaturen, so dass auch Kraftstoffe mit höherer Zündtemperatur sicher zünden und durch den kurzen Zündverzug kultiviert verbrennen. Durch den geteilten Brennraum entsteht eine gute Verwirbelung des Kraftstoffs mit der Luft. Unter dem Zündverzug versteht man die Zeit zwischen Einspritzbeginn und Verbrennungsbeginn. Dieser Zündverzug wird durch die Zündwilligkeit des Kraftstoffs (Cetanzahl), das Verdichtungsverhältnis, die Lufttemperatur und die Zerstäubung des Kraftstoffes beeinflusst. Damit versteht man nun auch, welche Faktoren bei der Umrüstung eine übergeordnete Rolle spielen.

Auch die bei diesen Motoren verwendeten Zapfendüsen haben einen Vorteil: Sie reinigen sich selbst, wodurch die Gefahr der Düsenverkokung bei Pflanzenölbetrieb kaum besteht.

Auf der nächsten Abbildung ist das Prinzip eines Vorkammermotors dargestellt.

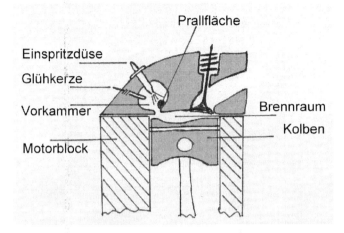

Und hier -zur Ansicht- die Kolbenoberseite mit der gut erkennbaren V-förmigen Vertiefung, in die der Gasstrahl aus der Vorkammer schießt. Diese Vertiefung im Kolben ist je nach Hersteller etwas anders ausgeführt, so sind die Vertiefungen bei anderen Motoren rundlich ausgefräst, ihre Funktion ist aber gleich.

Bei den Vorkammermotoren gibt es Unterschiede, so scheinen einige ältere Mercedes-Modelle ohne Umrüstung mit Pflanzenöl zu funktionieren, während andere, wie zum Beispiel mein Auto, anfänglich bei mehr als 70% Pflanzenöl (der Rest Diesel) streikte. Starker Rauch und unruhiger Motorlauf waren die Folge, nachdem er widerwillig angesprungen war.

Bei Turbolader-Motoren wird die angesaugte Luftmenge zusätzlich komprimiert, bevor sie den Zylinder füllt und dann von der Kolbenaufwärtsbewegung abermals komprimiert wird. Meist werden Abgasturbolader verwendet. Durch den erhöhten Luftdruck im Brennraum steigt auch dessen Temperatur, was sich, wie schon oben erwähnt, positiv auf die Krackreaktionen und den kurzen Zündverzug auswirkt. Zusätzlich steht mehr Sauerstoff zur Verfügung und es kann mehr Kraftstoff eingespritzt werden. Der Motor erhält mehr Leistung.

Wirbelkammer-Motoren

Bei Wirbelkammermotoren ist der Brennraum auch geteilt und der Kraftstoff wird ebenfalls in eine Vorkammer gespritzt. Der wesentliche Unterschied zum Vorkammermotor besteht darin, dass dem Wirbelkammermotor die Prallfläche fehlt und die gewünschte Verteilung des Kraftstoffs mit Hilfe von Verwirbelung durch schräge Einspritzung erreicht wird. Außerdem beinhaltet die Wirbelkammer nahezu das gesamte Volumen des Brennraumes. Auch dieses Funktionsprinzip eignet sich gut für den Betrieb mit Pflanzenöl. Auf dem nächsten Bild ist das Prinzip des Wirbelkammermotors dargestellt.
Leider „sterben" diese beiden Motorkonstruktionen immer mehr aus. Der Grund dafür liegt in den Gesetzen zur Abgasnormung. Die Autobauer setzen heute auf moderne Direkteinspritzer, die bessere Abgaswerte erzielen.

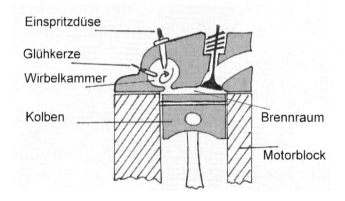

Einspritzdüse

Glühkerze

Wirbelkammer

Kolben

Brennraum

Motorblock

Direkteinspritzer

Direkteinspritzer als Serienmotoren sind für den Betrieb mit Pflanzenöl nur bedingt geeignet. Bei Direkteinspritzern fehlt die Vorkammer, hier wird der Kraftstoff mittels einer Mehrlochdüse direkt von oben in eine Vertiefung des Kolbens gespritzt. Diese Motorart ist modern geworden, weil sie sparsamer ist. Durch die fehlende Vorkammer entstehen keine Strömungsverluste. So ist durch diese Motorbauart der Weg des Kraftstoffs bei der Verbrennung kürzer und durch den ungeteilten Brennraum entstehen weniger Strömungsverluste. Weniger Strömung bedeutet im Pflanzeölbetrieb jedoch weniger Verwirbelung und dadurch schlechtere Verbrennung, kurzer Weg bedeutet weniger Zeit zur Verbrennung. Direkteinspritzer besitzen niedrigere Temperaturen im Brennraum um den Ausstoß an Stickoxyden gering zu halten und Wärmeverluste zu minimieren. Die Verbrennung findet hauptsächlich im Zentrum des Zylinders statt, wodurch die Zylinderwände weniger thermisch belastet werden, also relativ kühl bleiben. Bei der direkten Einspritzung entstehen Druckspitzen, der Motor läuft lauter und ist kraftstoffempfindlich, wir erinnern uns, der Zündverzug muss klein sein. Durch die niedrigeren Brennraumtemperaturen nimmt auch die Eignung dieser Motorbauart für den Pflanzenölbetrieb ab, da Pflanzenöl einen höheren Siedepunkt und Entflammpunkt als Dieselkraftstoff besitzt und somit bei den sich im Brennraum einstellenden Temperaturen nicht so gut verdampft und verbrennt. Unverbranntes Pflanzenöl schlägt sich an der kalten Zylinderwand nieder und gelangt ins Motoröl. Pflanzenöl im Motoröl kann zur Polymerisation, also Verklumpung (dieser Begriff wird später noch ausführlich behandelt) führen, was unter Umständen einen Motorschaden zur Folge hat.

Außerdem kann eine tröpfelnde Düse sehr viel schneller Schaden anrichten, da dieser Umstand direkt den Kolben betrifft und sogar Löcher in den Kolben brennen kann. Die gute Zerstäubung des Kraftstoffs wird bei Direkteinspritzern nur durch die perfekte Einspritzung in den Brennraum erreicht. Hier kommen im allgemeinen Mehrlochdüsen mit seitlich angeordneten, sehr feinen Spritzlöchern zum Einsatz. Damit es zu einer perfekten Zerstäubung kommt, muss die Relativgeschwindigkeit des eingespritzten Kraftstoffs zur Umgebung möglichst hoch sein. Diese Motoren arbeiten deshalb mit sehr hohem Druck an der Einspritzpumpe und den Düsen. Durch diesen Umstand sind die Düsen größerem Verschleiß ausgesetzt und empfindlicher gegen Verschmutzung, so ist unbedingt auf die Qualität des Kraftstoffs zu achten und die Viskosität des Pflanzenöls durch geeignete Maßnahmen herabzusetzen.

Die schlechtere Zerstäubung des Pflanzenöls aufgrund der höheren Viskosität, kann man sehr schön darstellen, wenn man zum einen Dieselkraftstoff mit einer Sprühflasche auf ein Löschpapier sprüht und zum Vergleich einmal Pflanzenöl. Man sieht sehr schön, dass Pflanzenöl nicht so gut zerstäubt wird, sondern eher kleine Tröpfchen bildet.

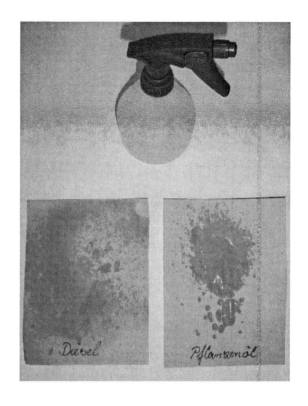

Bei Direkteinspritzern empfiehlt es sich deshalb, die Kaltstartphase mit Dieselkraftstoff zu überbrücken, sprich einen zweiten Tank einzubauen und erst dann
auf Pflanzenöl umzuschalten, wenn der Motor Betriebstemperatur erreicht hat.

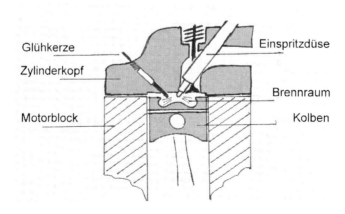

Auf dem nächsten Bild ist der Kolben eines TDI´s abgebildet. Hier sieht man die charakteristische Vertiefung im Kolben besonders deutlich.

Es ist wohl besser mit dem Ego zu vereinbaren, seine Versuche an einem älteren Fahrzeug zu starten, als an einem neueren Wagen, an dem das Herz oder der Geldbeutel hängt. Eine defekte Einspritzpumpe eines modernen Autos kann schon mehrere tausend Euro kosten und die Möglichkeit an gebrauchte Teile zu gelangen ist eher schwierig. Die Reparatur einer defekten Einspritzpumpe eines alten Modells kann „mit einem Samstag schrauben" und 100 Euro erledigt sein, wenn man die Arbeiten selbst durchführen kann und man sich die Austausch-Einspritzpumpe vom Schrottplatz besorgt. Ein weiterer Vorteil ist, dass alte Autos noch so gebaut sind, dass man selbst Hand anlegen kann, ohne einen Laptop mit Diagnosesoftware benutzen zu müssen. Einen Blick sollte man auf die Einspritzpumpe werfen, denn es hat sich gezeigt, dass sich Reiheneinspritzpumpen aufgrund ihrer Konstruktion und Robustheit besser eignen, als Verteilereinspritzpumpen. Leider sind aber Reiheneinspritzpumpen selten geworden, da sie in der Herstellung teurer sind. In der Regel werden heute Verteilereinspritzpumpen verwendet, doch unter ihnen gibt es einen entscheidenden Unterschied.

Die Frage lautet nicht, wie so oft behauptet, von welchem Hersteller die Pumpe ist, sondern welcher Bauart sie ist. Sehr gut für Pflanzenölbetrieb (abgesehen von den perfekt geeigneten Reiheneinspritzpumpen) sind Axialkolben-Verteilereinspritzpumpen. Und die meisten Einspritzpumpen von Bosch sind eben genau solche, außer derjenigen mit der Bezeichnung VP44, welche eine Radialkolben-Verteilereinspritzpumpe ist, wie auch nahezu alle der Firma Lucas/CAV. Daher kommt das Gerücht, die Firma hätte etwas mit der Eignung zu tun.

Manche Umrüster bieten deshalb für Verteilereinspritzpumpen des Herstelles, Lucas/CAV, generell keine Umrüstung an. Das bedeutet aber nicht, dass man mit Radialkolben-Verteilereinspritzpumpen kein Pflanzenöl verfahren kann, sondern dass man andere Modifizierungen vornehmen muss, anders herum gesagt, auch eine Axialkolben-Verteilerpumpe wird zerstört, wenn man sie unsachgemäß mit Pflanzenöl betreibt.

Bei den Lucas Pumpen scheint insbesondere diejenige mit der Bezeichnung „DPS" den Pflanzenölbetrieb besser zu verkraften als andere Modelle.

Zum Schutz meiner Verteilereinspritzpumpe fahre ich 20-30% Dieselanteil und empfehle diese Vorgehensweise auch allen, die ein Fahrzeug mit einer solchen Pumpe umbauen, schaden kann dieses Vorgehen aber auch bei einer Axialkolbenpumpe nicht. Durch die Mischung von Pflanzenöl mit Dieselkraftstoff ist die Viskosität des Gemisches wesentlich geringer als die des reinen Pflanzenöls. Dies ist in der folgenden Grafik dargestellt, die ich mit Hilfe eines selbst gebastelten Durchflussviskosimeters erstellt habe. Die eine Kurve zeigt die Durchflussdauer der Gemische bei Zimmertemperatur (entspricht also dem Verfahren des Gemisches ohne Umbau), die andere bei 70°C (das entspricht der Temperatur die ungefähr durch den Einbau eines Wärmetauschers erreicht wird). Dies soll den Vorteil verdeutlichen, den die Erwärmung des Pflanzenöls mit sich bringt. Ich habe auch eine Problemgrenze eingetragen. Das ist aus eigener Erfahrung diejenige Grenze, bei der die Wahrscheinlichkeit für Betriebsstörungen des Fahrzeuges rapide ansteigt. Man sollte deutlich unter dieser Linie bleiben, um Spaß daran zu haben mit Pflanzenöl zu fahren.

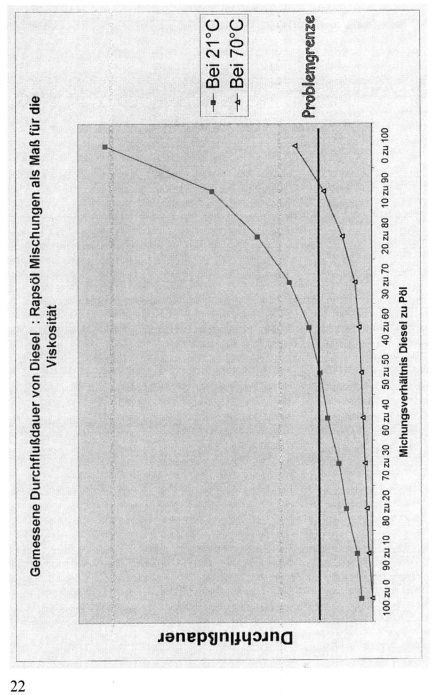

Gemessene Durchflußdauer von Diesel : Rapsöl Mischungen als Maß für die Viskosität

Bei 21°C
Bei 70°C

Problemgrenze

Durchflußdauer

Michungsverhältnis Diesel zu Pöl

100 zu 0 · 90 zu 10 · 80 zu 20 · 70 zu 30 · 60 zu 40 · 50 zu 50 · 40 zu 60 · 30 zu 70 · 20 zu 80 · 10 zu 90 · 0 zu 100

Durch das Mischen mit Dieselkraftstoff reduziert sich die Viskosität und die Verteilereinspritzpumpe wird wesentlich entlastet und einem Verteilerkolben-Fresser wirkungsvoll vorgebeugt.

Natürlich ist man dann keiner der Hardcore-Pflanzenöler, die auf biegen und brechen ihr Fahrzeug mit 100% Pflanzenöl betreiben und der Dieselanteil schmälert auch etwas den finanziellen Gewinn, aber gerade der Schritt von ca. 80% auf 100% Pflanzenöl birgt das größte Risikopotential, trotz der technischen Veränderungen.

Erkennen kann man den Haupt-Typ der Einspritzpumpe relativ einfach: Sind die Anschlüsse der Einspritzleitungen auf der Einspritzpumpe in einer Reihe angeordnet, dann ist es eine Reiheneinspritzpumpe. Wenn die Einspritzleitungen seitlich angebracht und im Quadrat (bei 4 Zylindern) angeordnet sind, ist es eine Verteilereinspritzpumpe. Der Hersteller wird auf dem Typenschild genannt. Ob es sich nun um eine Axialkolben- oder Radialkolben-Pumpe handelt, kann man wirklich wie schon erwähnt an dem Herstellernamen erkennen, um wirklich sicher zu sein, muss man in der speziellen Literatur des Herstellers nachschlagen.

Im nächsten Bild sieht man eine Verteilereinspritzpumpe, Die Anschlüsse für die Einspritzleitungen sind mit Pfeilen markiert.

Direkt zum Vergleich eine Reihen-Einspritzpumpe mit den Anschlüssen, die oben in einer Reihe angeordnet sind.

Verteilereinspritzpumpen werden ausschließlich durch den Kraftstoff geschmiert (frühere Versionen von Einspritzpumpen waren an den Motorölkreislauf angeschlossen). Hier liegt ein weiterer Vorteil von Pflanzenöl gegenüber Diesel, denn Pflanzenöl besitzt eine wesentlich höhere Schmierfähigkeit als Dieselkraftstoff, allerdings hat die Sache einen Haken, denn durch die höhere Viskosität des Pflanzenöls gelangt dieses nicht so leicht in die Schmierspalte. Dies ist ein weiter Grund die Viskosität herabzusetzen. Die zur Zeit praktizierte Reduzierung des Schwefelgehalts von Dieselkraftstoff wirkt sich zwar positiv auf die Umwelt, doch sehr negativ auf die Schmierfähigkeit von Diesel aus.

Was ist denn nun der wesentliche Unterschied einer Axialkolben- zu einer Radialkolben-Einspritzpumpe? Es gibt eine Reihe von Unterschieden. Die Antwort für die Probleme der Radialkolben-Einspritzpumpe mit Pflanzenöl könnte der Durchmesser des Verteilerkolbens sein. Dieser ist bei einer Radialkolben-Einspritzpumpe (rechts oben im Bild) deutlich größer als bei einer Axialkolben-Einspritzpumpe (links oben im Bild).

Der kleine Axialkolben erzeugt durch zusätzlich zu der Drehbewegung stattfindende Hubbewegung den Einspritzdruck.

Der Verteilerrotor bei einer Radial-Einspritzpumpe (so heißt der Verteilerkolben hier) führt nur eine Drehbewegung aus. Seitlich in dem dickeren Ende sitzen die Hochdruckkolben, die von seitlich am Nockenring entlang laufenden Rollen auf und ab bewegt werden.

Radialkolbenpumpe
geöffnet

Diese Verteilerkolben oder -Rotoren sind exakt auf den Verteilerkopf angepasst, mit einer Genauigkeit von 1 my. Sie drehen sich bei Betrieb des Motors im Verteilerkopf abhängig von der Drehzahl des Motors. Da der Rotor bei der Radialkolben-Einspritzpumpe dicker ist als bei der Axialkolben-Einspritzpumpe, besitzt er im Betrieb eine höhere Umfanggeschwindigkeit, d.h. sein Mantel legt bei einer Umdrehung mehr Weg zurück als der kleine Axialkolben. Mehr Umfanggeschwindigkeit bedeutet mehr Reibung und dadurch mehr Wärmeerzeugung. Durch Wärme dehnt sich der Kolben aus und der Spalt zum Verteilerkopf wird immer enger. Wenn nun der Kolben diese Wärme nicht schnell genug an den Verteilerkopf abgeben kann und dieser sich auch ausdehnt, dann frisst der Kolben fest und wird abgeschert. Durch den Betrieb mit Pflanzenöl wird dieser Effekt verstärkt, da die höhere Viskosität des Öls zu einer erhöhten Reibung und dadurch zu noch mehr Reibungswärme führt. Man kann diesen Effekt sogar schon feststellen, wenn man den abwechselnd mit Pflanzenöl oder Diesel geschmierten Verteilerkolben im Verteilerkopf von Hand dreht. Deshalb sollte die Viskosität des Pflanzenöls durch Erwärmung und durch Beimischung von Dieselkraftstoff herabgesetzt werden und in der Warmlaufphase mit niedrigsten Drehzahlen gefahren werden.

Da allerdings die Einspritzpumpen schon im Dieselbetrieb sehr hohe Temperaturen erreichen und auch Axialkolben-Einspritzpumpen diese Schäden zeigen, kann der Durchmesser des Verteilerkolbens nicht der einzige Grund sein.
Eine weitere Erklärung wäre, dass das plötzliche Erhitzen des Verteilerkolbens durch vorgewärmtes Pflanzenöl aus dem - durch eine Standheizung vorgewärmten - Wärmetauscher den oben beschriebenen Verteilerkolbenfresser verursacht. Dies könnte aber nur bei einer Axialkolben-Pumpe passieren, denn bei meiner Lucas (also einer Radialkolben-Pumpe) wird das erhitzte Pflanzenöl von der Transferpumpe erst durch eine Bohrung im Verteilerkopf gefördert (heizt den Verteilerkopf auf, wodurch dieser sich ausdehnt), bevor das heiße Pflanzenöl überhaupt den Verteilerkolben erreicht. Im nächsten Bild wurde der hintere Deckel der Einspritzpumpe (Lucas/CAV) entfernt und man kann so auf die Transferpumpe blicken.

Weiterhin ist der Kolben hier viel dicker, erhitzt sich also auch langsamer bei gleicher Energiezuführung. Temperaturspitzen würden durch diese Trägheit ausgeglichen, auch wenn der Radialkolben ein schlechteres Verhältnis Volumen/Oberfläche besitzt.

Ein weiterer Punkt ist, dass der Verteilerrotor bei der Radialkolben-Pumpe nur Drehbewegungen ausführt, nicht aber Hubbewegungen wie bei der Axialkolben-Pumpe. Dadurch wird das Schmiermittel im Schmierspalt (also der Kraftstoff) weder gut verteilt noch schnell ausgetauscht. Dieser Umstand führt dazu, dass die Radialkolben-Pumpen empfindlich gegen Schmutz, Wasser oder Luft im Kraftstoff reagieren. Ganz besonders reagieren Radialkolben-Pumpen empfindlich auf Mangelversorgung mit Kraftstoff, denn der Verteilerrotor bildet mit dem Verteilerkopf eine Art Gleitlager. Bleibt die Versorgung mit Kraftstoff aus, bricht die Schmierung zusammen und das Lager frisst. Eine hier zwingend zu installierende Kraftstoffpumpe sorgt für die ausreichende Kraftstoffversorgung und bei den ersten Anzeichen eines stotternden Motorbetriebes sollte man den Kraftstofffilter überprüfen, damit das Pflanzenöl gut fließen kann !

Von Eigenbauten bei ganz modernen Motoren wie Common Rail oder Pumpe Düse Motoren sollte man absehen! Zwar sind diese Motoren von Prinzip her auch Direkteinspritzer, arbeiten jedoch mit erheblich höheren Einspritzdrücken und natürlich einem anderen Einspritzsystem. Ein nicht wirklich professionell gestalteter Umbau des Fahrzeugs auf Pflanzenölbetrieb, schädigt den Motor mit ziemlicher Sicherheit! Die Einzelkomponenten dieser modernen Einspritzanlagen sind extrem teuer und gebraucht kaum zu bekommen. Weiterhin ist in das Motormanagement nur mit sehr viel Spezialwissen und Laptop / Diagnosesoftware einzugreifen, wie es zum Beispiel bei Vorverlegung des Förderbeginns nötig wäre, so dass diese Veränderungen für den Laien nicht möglich sind. Professionelle Umrüster machen aus diesen Motoren Pflanzenölverbrenner mit patentierter Umrüsttechnik, man sollte sich in diesem Fall aber immer eine Garantie auf den Motor geben lassen und nicht nur auf die eingebauten Teile !

Die in diesem Buch beschriebenen Umrüstungsmaßnahmen gelten deshalb ausdrücklich NICHT für diese Motorenarten sonder nur für Vor- und Wirbelkammermotoren sowie eingeschränkt für herkömmliche TDI mit Verteilereinspritzpumpe.

Kann man nach der Umrüstung noch Diesel tanken?

Diese Frage stellt sich wohl jeder, der sein Fahrzeug umrüsten möchte. Man will ja unabhängig sein und die Suche nach der nächsten Rapsöltankstelle kann schon etwas schwierig werden. Klar haben Pflanzenölfahrer den Vorteil, dass sie zur Not auch beim Supermarkt tanken können, doch Flaschentanken ist nicht wirklich praktisch. Zu Hause ist das weniger ein Problem, entweder man hat Glück und der Rapsöllieferant ist gleich um die Ecke, oder man lässt sich das Öl nach Hause liefern und tankt bequem aus dem eigenen Fass. Was aber macht man auf längeren Strecken oder Urlaubsfahrten, da wäre es sinnvoll noch mit Diesel fahren zu können. Grundsätzlich kann man auch nach der Umrüstung mit Dieselkraftstoff fahren, besonders wenn man ohnehin ein Zweitanksystem besitzt. Aber auch bei nur einem Tank ist der Betrieb mit reinem Diesel weiterhin möglich.
Bei der Umrüstung ist zu beachten, dass der Wärmetauscher zur Erwärmung des Pflanzenöls in einem Nebenarm des Kühlwasserkreislaufes liegt und Hauptkreislauf sowie Nebenarm mit einem Kugelhahn versehen sind. Mit den Kugelhähnen kann nicht nur der Wärmetauscher bei längerem Dieselbetrieb außer Funktion gesetzt werden (erwärmter Dieselkraftstoff führt zu weniger eingespritzter Volumenmasse und somit zu Leistungsverlust), sondern man kann auch -je nach Jahreszeit- die Durchflussmenge und somit die Leistung des Wärmetauschers regulieren.
Tiefgreifende Veränderungen am Fahrzeug, wie die Vorverlegung des Förderbeginns, sowie der Einbau anderer Düsen, kann sich nachteilig auf den Dieselbetrieb auswirken. Deshalb ist genau abzuwägen, ob diese Veränderungen wirklich notwendig sind.

28

Was kostet die Umrüstung und wie hoch ist die Einsparung?

Diese Frage wird sich auch jeder stellen und besonders „Wie schnell macht sich der Umbau für mich bezahlt?" Diese Frage ist nicht so leicht zu beantworten, denn es ist nicht immer nötig, alle Umbaumaßnahmen an jedem Fahrzeug durchzuführen. Auch ist der Verbrauch der Fahrzeuge unterschiedlich sowie das technische Können des Fahrers. Auf der anderen Seite sollte die Amortisationszeit so kurz wie möglich sein, denn zu schnell ändert sich heutzutage die Gesetzeslage und irgendein Finanzloch wird mit der vollen Besteuerung von Biokraftstoffen gestopft werden, der Leser weiß sicherlich worauf ich hinaus möchte!

Deshalb stelle ich hier die Bilanz meines Autos vor. Ich habe nur die Installationen aufgeführt, die ich heute noch einmal bei dem Fahrzeug vornehmen würde. Meine tatsächlichen Kosten sind durch Versuche und Fehlinvestitionen höher gewesen, aber diese Kosten entstehen dem aufmerksamen Leser ja nicht:

Kosten für den Umbau :

Standheizung (gebraucht) 200,- €
2. Tank (Eigenbau / Material) 15,- €
Tankumschalthahn 80,- €
Wärmetauscher (gebraucht ersteigert) 15,- €
Filterkopf   25,- €
Kraftstofffilter 10,- €
Kühlwasserschlauch 10,- €
Kraftstoffschlauch 10,- €
Förderpumpe (gebraucht ersteigert) 15,- €
Digitalthermometer   20,- €
Abzweigung für Wärmetauscher (Eigenbau) 20,- €
Kleinteile (Schellen, Schlauchverbinder, Lot) 15,- €

Gesamtkosten : 435,- €

Mein Auto verbraucht ca. 10 Liter / 100 km. Bei dem derzeitigen Dieselpreis (8/2005) von 1,10 € und dem derzeitigen Preis für frisches Rapsöl von 0,70 € liegt die Ersparnis für einen Liter bei 0,40€.
Gehen wir von einem durchschnittlichen Dieselanteil von 30 % aus (für Mischung und das Starten mit Diesel) dann hat sich meine Investition nach ca. 15.500 Kilometern bezahlt gemacht.

Natürlich ist diese Rechnung sehr vereinfacht, ich habe noch mehr Kosten gehabt, denn ich habe mir eine Einspritzpumpe als Ersatzteil besorgt, zusätzlich noch Einspritzpumpen anderer Ausführungen und Hersteller zum Zerlegen, Lernen und Verstehen, Literatur, 1000 Liter Fass, Pumpe...ich habe einfach Spaß am Werkeln und am Fahren mit Pflanzenöl und Spaß kann man nicht berechnen.

Zur Zeit fahre ich allerdings mit gebrauchtem Pflanzenöl. Dies beziehe ich kostenlos von der Gastronomie. Kosten entstehen allerdings auch hier: für Filtermatten, Strom (Tauchsieder)... ein Liter gebrauchtes Öl kostet dann ca. 0,20 € , damit liegt die Ersparnis pro Liter bei 0,90 € und meine Umrüstung hat sich nach ca. 7.000 Kilometern bezahlt gemacht (30% Dieselanteil), wie gesagt ohne das Drumherum.

Info: Bei einer solchen Rechnung ist natürlich auch zu berücksichtigen, dass gerade die älteren Fahrzeuge, die sich für die „Do it yourself" - Umrüstung eignen, in der KFZ Steuer empfindlich zu Buche schlagen. Auch die weit verbreitete Praxis der Auflastung und Anmeldung als Kombinationskraftwagen, um von der Hubraumbesteuerung zur Gewichtsbesteuerung zu kommen, ist ab April 2005 abgeschafft. Somit ist genau zu prüfen welche Kosten bei der KFZ Steuer entstehen, möglicherweise lohnt sich ein Umbau zum Wohnmobil oder LKW.

Umweltschutz und zur Arbeitssicherheit

Grundsätzlich erfordern die beschriebenen Arbeiten ein gewisses Maß an technischem Verständnis! Wer also nicht gerade zwei linke Hände und die Funktion seines Autos verstanden hat, kann sich an den Umbau wagen. Dennoch sollte bei aller Freude über den bevorstehenden Umbau die Sicherheit nicht vergessen werden.

- Bei allen Arbeiten am Fahrzeug die Batterie abklemmen!
- Bei Arbeiten an der Kraftstoffanlage nicht rauchen, essen und den Motor vorher abkühlen lassen!
- Schutzhandschuhe und Schutzbrille tragen, wenn man mit Diesel und der Einspritzanlage experimentiert!
- Hautkontakt mit Diesel oder Motoröl vermeiden!
- Verschmutzung des Bodens durch Diesel oder Motoröl unbedingt verhindern!
- Niemals den Strahl einer Einspritzdüse auf Personen richten!
- Höchste Vorsicht bei Arbeiten an dem laufenden Motor!
- Nur in gut belüfteten Räumen arbeiten!
- Altöl, Putzlappen und Reinigungsmittel fachgerecht entsorgen!

Wie kann ich testen, ob mein Auto Pflanzenöl verträgt?

Ganz wichtig ist es (und im übrigen nicht nur dann) zu überprüfen, ob der Zahnriemen des Fahrzeugs völlig in Ordnung ist und auch die richtige Spannung besitzt. Erhöht sich nämlich die Viskosität des Kraftstoffs, dann steigt auch der Innenwiderstand in der Einspritzpumpe und damit die Kraft, die an der Zahnriemenscheibe auf den Zahnriemen übertragen wird. Ist der Zahnriemen schon rissig oder hat er die falsche Spannung, kann es sein, dass er überspringt oder ganz abreißt. Beides hätte unter Umständen einen Motorschaden zur Folge.

Die für den Anfänger sicherlich einfachste Methode, um sich in das Thema hineinzutasten, ist „Mischung" zu fahren. Beginnen sollte man mit 10-25 % Pflanzenöl und der Rest Diesel. So bin ich fast ein halbes Jahr herumgefahren. Pflanzenöl mischt sich gut mit Diesel und dieser Prozentsatz Pflanzenöl verändert die Viskosität des Kraftstoffs insgesamt nur unwesentlich, so dass keine Probleme auftauchen sollten. Achten sollte man auf eine gute Durchmischung, so mischt man entweder im Kanister, was aber ziemlich aufwendig ist, oder man nimmt einen Kanister mit Pflanzenöl an die Tanke mit, kippt das Öl voran in den Tank und tankt dann Diesel drauf. Der Tank sollte nicht ganz gefüllt werden, so dass der Kraftstoff beim fahren „schwappt" und sich vermischt. Außer einem angenehmen Pommes-Geruch aus dem Auspuff und ein bisschen weniger Ruß sind sicherlich keine Veränderungen festzustellen. Die erste Fahrt nun geht zum Autozubehör, wo man sich zwei neue Kraftstofffilter besorgt. Das Pflanzenöl löst nämlich Ablagerungen im Tank und den Kraftstoffleitungen, die in relativ kurzer Zeit den Filter verstopfen (wenn der Kraftstofffilter verstopft ist, merkt man es an sinkender Leistung des Fahrzeugs oder am leichten Stottern). Mit der Mischung wird erst einmal einige Zeit gefahren, um das Verhalten des Fahrzeugs zu beobachten. Bemerkt man ein schlechteres Kaltstartverhalten, unruhigen Motorlauf, starken Rauch aus dem Auspuff, dann stimmt etwas mit dem Motor nicht und dieser muss überprüft werden.

Einige Prüfungen zu Anfang

 Tipp: Als erstes sollte man seine Glühkerzen kontrollieren und ggf. durch neue ersetzen, dann sollte man direkt nachglühfähige einbauen So vertreibt der Hersteller „Beru" sogenannte Umwelt-Nachrüstsets. Diese enthalten nachglühfähige Glühkerzen sowie die benötigte Zeitschalt-Elektronik. Von der Firma „Bosch" sind die „Chromium" Glühkerzen bei Pflanzenölverwendern sehr beliebt. Nachglühfähige Glühkerzen begrenzen ihre Stromaufnahme abhängig von der erreichten Temperatur, somit schützen sie sich selbständig gegen Überhitzen.

 Tipp : Man kann sich auch sehr einfach und vor allem günstig eine Nachglühanlage selbst herstellen. Dazu benötigt man nur etwas dicke Stromleitung, ein Schwerlast-Relais mit min 70 Ampere Belastbarkeit und einen Schalter. Nun wird der Schalter so an den Stromkreis angeschlossen, dass mit der eingeschalteten Zündung das Schwerlast-Relais geschaltet werden kann. Dieses Relais schaltet nun die Glühkerzen und glüht diese so lange nach, wie man es will. Sinnvoll sind 3 Minuten Nachglühzeit. Dadurch wird der Kaltstart wesentlich verbessert und auch der Schadstoffausstoß reduziert.

Die Funktion der alten Glühkerzen kann man mit einem Multimeter messen. Dazu wird der Widerstand vom Anschluss der Glühkerze zur Masse (Zylinderkopf) gemessen. Dieser Widerstand sollte annähernd null sein. Kann man einen großen Widerstand messen, ist die Glühkerze defekt.

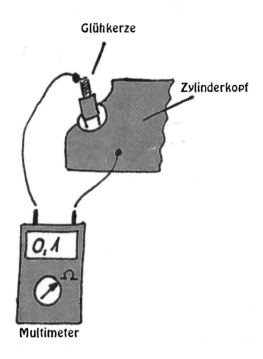

Tipp: Wer schon lange keine Glühkerzen mehr gewechselt hat, der könnte beim Ausbau sein blaues Wunder erleben, denn manche Glühkerzen haben, durch das ständige Aufheizen und Abkühlen, an Durchmesser gewonnen, sprich sie sind dicker, haben eine Rußschicht und gehen nicht aus der Bohrung heraus. Oder sie sind vorne schon komplett zerstört und krümelig. Die Glühkerze vorsichtig rausschrauben, lässt sie sich dann leicht herausziehen, gut! Wenn nicht, etwas Rostlöser oder Waffenöl am Gewinde vorbei in die Öffnung sprühen, halbe Stunde warten und dann die Glühkerze mit vorsichtigem Hin- und Herdrehen aus der Öffnung ziehen. Wenn die Kerze nämlich abreißt und ein Stück davon in den Zylinder fällt, hast Du ein Problem, denn dann muss der Zylinderkopf runter. Ein Stück der Glühkerze im Zylinder würde binnen kurzer Zeit den Motor zerstören. Sind die Glühkerzen schon vorne abgebröselt, dann bleibt nur zu hoffen, dass die Teile den Motor über die Auslassöffnung verlassen haben, ohne Schaden anzurichten. Neue Glühkerzen mit etwas Kupferpaste (nicht Fett!!!) am Gewinde einschrauben, dadurch brennen sich die Kerzen nicht fest.

Ist die Batterie in Ordnung oder schon altersschwach?

Auch dies kann man mit dem Multimeter prüfen. Die Spannung zwischen beiden Polen in abgeklemmtem Zustand beträgt bei guten Batterien 12-14 Volt. Auch mit einem Säureprüfer kommt man einer alternden Batterie schnell auf die Spur, dazu wird Säure in ein Kunststoffrohr aufgezogen und an der Eintauchtiefe des Schwimmers die Dichte der Säure und damit der Zustand der Batterie abgelesen.

Kompression in Ordnung?

Dies kann man laienhaft prüfen, indem man, während der Motor läuft, den Öleinfüllstutzen öffnet. Bläst der Motor dann hier stark heraus und es hört sich an wie ein V8, dann sind die Kolbenringe verschlissen und es ist um die Kompression schlecht bestellt! Hier hilft auf längere Sicht nur eine Motorüberholung.

Ventile richtig eingestellt?

Gegebenfalls mit den Einstellwerten des Fahrzeugs korrigieren.

Einspritzdüsen in Ordnung?

Die Einspritzdüsen unterliegen beim Pflanzeölbetrieb einer höheren Belastung. Durch die höhere Viskosität verschlechtert sich das Spritzbild der Düsen immens und fehlerhafte Zerstäubung durch Verschleiß wird somit verstärkt. Was mit Dieselkraftstoff noch gerade so in Ordnung war, funktioniert womöglich mit Pflanzenöl gar nicht mehr. Entweder man lässt die Düsen beim Boschdienst auf einwandfreie Funktion prüfen und ggf. austauschen oder man legt sich einen Einspritzdüsentester zu und kann dann immer die Düsen selbst kontrollieren. Ein solches Gerät ist natürlich eine Investition, aber sie macht sich schnell bezahlt, wenn man so etwas regelmäßig –vielleicht sogar für Nachbarn oder Freunde- macht.

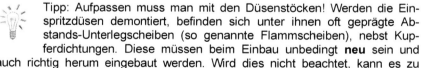

Tipp: Aufpassen muss man mit den Düsenstöcken! Werden die Einspritzdüsen demontiert, befinden sich unter ihnen oft geprägte Abstands-Unterlegscheiben (so genannte Flammscheiben), nebst Kupferdichtungen. Diese müssen beim Einbau unbedingt **neu** sein und auch richtig herum eingebaut werden. Wird dies nicht beachtet, kann es zu Fehlzündungen in Düsennähe kommen, was zur Überhitzung und Zerstörung der Düse führt. Wie man auf dem nächsten Bild sieht, wird die geprägte Scheibe bei der Montage zusammengedrückt und passt sich perfekt an den Düsenkörper an. Damit wird eine perfekte Abdichtung erreicht. Klar, dass man diese Genauigkeit mit einer bereits verwendeten Scheibe nicht mehr erreicht.

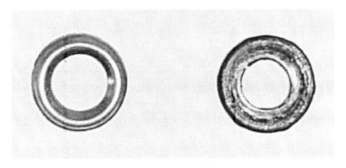

Tanksieb ?

Besitzt das Auto ein Tanksieb, dann könnte es durch die vom Pflanzenöl im Tank gelösten Schmutzpartikel verstopfen! Ausbauen und reinigen (oder ganz weglassen) schafft in vielen Fällen Abhilfe.

Kraftstoffsieb ?

Manche Einspritzpumpen (so auch meine Lucas DPS) besitzen noch ein Kraftstoffsieb im Zulauf der Einspritzpumpe. Wenn dieses verstopft ist, reagiert der Motor mit geringer Leistung oder Ruckeln, genau als wäre der Kraftstofffilter verstopft. Vorsichtig ausbauen und reinigen, dabei unbedingt darauf achten, dass kein Schmutz in die Einspritzpumpe gelangt.

Luftfilter sauber?

Ein verstopfter Luftfilter führt zu schlechter Leistung, starken Ablagerungen und hohem Kraftstoffverbrauch.

Läuft der Motor mit 25% Pflanzenöl zufriedenstellend, dann kann man den Anteil weiter erhöhen, allerdings sollte man nicht mehr als 50% Pflanzenöl ohne Kraftstoffvorwärmung zumischen, da sich ab diesem Punkt die Viskosität der Mischung stark nach oben verändert.

Ein weiterer Test: Den Motor auf Betriebstemperatur warm fahren, dann abstellen, die Kraftstoffsaugleitung abziehen und in ein Gefäß mit ca. 70°C warmem Pflanzenöl halten. Anschließend den Motor starten und 5 Minuten im Leerlauf laufen lassen. Der Motor sollte ohne merkliche Verschlechterung der Laufkultur weiterlaufen, dann ist der Motor für den Betrieb mit, wohlgemerkt vorgewärmten, Pflanzenöl „startklar"! Motor abstellen, Kraftstoffleitung wieder an den Tank anschließen und den Motor wieder einige Zeit laufen lassen, um die Leitungen und die Einspritzpumpe mit Diesel zu spülen. Unter keinen Umständen darf sich kaltes, pures Pflanzenöl beim nächsten Start in der Einspritzpumpe oder den Leitungen befinden!

Welches Pflanzenöl ?

Schaut man sich im Supermarktregal um, wird man eine gigantische Auswahl aller möglichen Ölsorten bemerken. Ich habe mir alle Sorten gekauft und jeweils davon 10 Liter in meinem Auto verbrannt, darunter Raps- ,Sonnenblumen- ,Distel- , Soja-, Walnuss-, Lein-, Maiskeimöl. Es roch manchmal nussig, manchmal nach Fisch, aber der Motor ist einwandfrei gelaufen, nur Olivenöl wollte er nicht und hat gebockt. Dies liegt wohl daran, dass er ein Engländer und kein Italiener ist ☺ aber im Ernst, das wäre mir auf Dauer auch zu teuer! Man nimmt natürlich das billigste und das ist in der Regel Rapsöl und nach einer Phase des Flaschentankens, die wohl jeder erst einmal durchmacht, sollte man schon wegen des Mülls darüber nachdenken, wo man Pflanzenöl in Großgebinden oder direkt vom Fass herbekommt. Vielleicht hast Du ja in der Nähe sogar eine Rapsöltankstelle und kannst dort tanken oder Dir ein paar Kanister auf Vorrat füllen. Bei größeren Abnahmemengen wird es in der Regel ohnehin günstiger. Zum Tanken im Kleinen zum Beispiel aus einem Fass, eignet sich eine Zahnradpumpe oder eine Fasspumpe hervorragend. Zum Erwerb solcher Sachen bediene ich mich immer eines bekannten Auktionshauses im Internet. Ich benutze eine Zahnradpumpe, die ich mit einem einfachen Akkuschrauber antreibe.

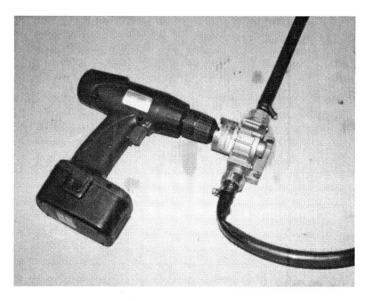

Aber Vorsicht, sogenannte Ölabsaugpumpen (siehe nächstes Bild) sind für Pflanzenöl absolut ungeeignet. Ihre Förderleistung reicht einfach nicht aus.

35

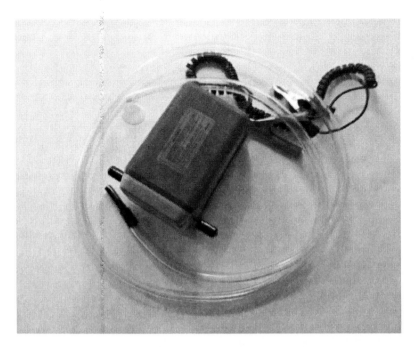

Einen Vorteil hat das Flaschentanken, denn beim Anblick der ganzen leeren Ölflaschen, die in den gelben Sack wandern, wird einem erst einmal bewusst, wie viel Kraftstoff man mit seinem Auto verbrennt und geht in Zukunft sicher ein wenig bewusster damit um.

Sogar bei diesem Öl gibt es noch Unterschiede, denn sogar die Ölgewinnung und das Pressverfahren können Einfluss auf die Eigenschaften des Pflanzenöls als Kraftstoff haben. Ich habe schon in der Zeit meines Flaschentankens einen deutlichen Unterschied in der Farbe des Öls verschiedener Lieferanten und im Verbrennungsverhalten, sprich Motorlauf, festgestellt. An der Farbe des Öls kann man ein wenig den Herstellungsprozess erkennen, so ist goldgelbes Öl meist ein kaltgepresstes Öl. Ein Öl, welches fast klar ist, ein raffiniertes Öl. Allerdings ist es für den Laien unmöglich herauszubekommen, wie es um die Qualität z.B. auch den Wassergehalt des Pflanzenöls bestellt ist. Wer es genau nimmt, der sollte Öl verwenden, welches dem „Weihenstephan Standart" genügt. Diese Produkteigenschaften garantieren die Eigenschaften des Pflanzenöls als Kraftstoff.

Der Gehalt an gelöstem Wasser im Pflanzenöl ist völlig unbedeutend, auch wenn es geringe Auswirkungen auf die Verbrennung und die Brennraumtemperatur hat. Sollte das Pflanzenöl freies Wasser (Wassertropfen) enthalten, dann ist allerhöchste Vorsicht geboten. Je nach Menge ist nämlich dann der Wasserabscheider des Kraftstofffilters schnell vollgelaufen und das Wasser findet den Weg zur Einspritzpumpe. Dort unterbrechen die Tropfen die Schmierung, was zu einem Totalausfall, zumindest aber höherem Verschleiß der Einspritzpumpe führen kann. Deshalb sollte man öfter mal das Wasser am Kraftstofffilter ablassen.

 Tipp : Um herauszufinden, wie hoch der Wassergehalt des Pflanzenöls ist, kann man einen kleinen Versuch machen. Besonders interessant für Verwender von gebrauchtem ÖL, da hier die Wahrscheinlichkeit höher ist, dass das Öl durch die darin zubereiteten Lebensmittel Wasser enthält. Einfach etwas von dem Öl in einer Pfanne erhitzen. Es sollte nicht anfangen zu brutzeln, denn dieses Geräusch rührt von verdampfendem Wasser her.

<--Ablassschraube

Die Ablassschraube befindet sich unten am Kraftstofffilter. Wasser besitzt eine höhere Dichte als das Pflanzenöl und sammelt sich deshalb unten im Filter an. Einfach die Ablassschraube aufdrehen und ein Gefäß unterhalten, warten bis reiner Kraftstoff austritt und dann wieder Schraube festziehen.

Ein weiteres Kriterium für die Qualität des Kraftstoffs ist der Gehalt an ungelösten Substanzen, die den Kraftstofffilter zusetzen oder wenn sie besonders klein sind, zu Abrieb in der Einspritzpumpe oder den Einspritzdüsen führen. Leider kann man dieses Merkmal nur grob feststellen, wenn nämlich der Kraftstofffilter ungewöhnlich schnell verschmutzt.

Oft hilft „auszuprobieren" und auf den Motor zu „hören", welches Pflanzenöl ihm am besten schmeckt. Bei Pflanzenöl aus dem Supermarkt hat man eindeutig den Vorteil, dass es als Lebensmittel strengen Kontrollen unterliegt und von gleichbleibend guter Qualität ist.

 Info: Für das Lagern von Pflanzenöl gelten die strengen Vorschriften, wie zum Beispiel für Heizöl nicht, da Pflanzenöl biologisch abbaubar ist und die Wassergefährdungsklasse 0 besitzt. Man kann sich also einen 1000 Liter Tank (siehe nächstes Bild) in die Garage stellen - mit einer Ölpumpe - und schon besitzt man seine eigene Tankstelle und kann bequem zu Hause tanken. Wenn man sich dass Öl nun von einer Rapsöltanke besorgt oder von jemandem, der offiziell das Pflanzenöl als Kraftstoff vertreibt, ist es ja auch schon nach dem neuen Mineralölsteuergesetz mit 0% versteuert, die Quittung als Nachweis unbedingt behalten. Auch für den Transport gelten keine besonderen Vorschriften, so dass man 200 Liter Fässer ohne Probleme mit dem Anhänger transportieren darf.

Das ist die einfachste Methode, denn das Öl ist in dieser Form sofort als Kraftstoff verwendbar. Zu der Königsklasse unter den Pflanzenölverbrennern gehören diejenigen, die Alt-Pflanzenöl verwenden. Das ist jenes Öl, welches in Imbissbuden oder Großküchen anfällt: „erhältlich" in den Versionen fest, halbfest und flüssig, je nach Ausgangsstoff.

Verwendung von gebrauchtem Pflanzenöl

Schon beim Anblick meiner ersten 100 Liter Alt-Pflanzenöl sind mir 2 Sachen klar geworden! Erstens: esse ich nie wieder etwas, wenn ich nicht vorher das Fett gesehen habe, in dem es schwamm und zweitens : Das wird Arbeit!

Die Beschaffung

Der Vorteil liegt ganz klar im Preis (hier gibt es das größte Einsparpotential!), denn man bekommt es in den meisten Fällen umsonst, und der Recycling Gedanke ist auch nicht von der Hand zu weisen. Nur ist es nicht ganz so leicht an den Stoff zu kommen! Viele Großketten, bei denen sich die Abnahme auch mengenmäßig lohnt, haben feste Verträge mit ihren Entsorgern und ich ging leer aus. Für meine ersten Schritte reichten mir auch die Mengen vom Kebap Grill. Mein Tipp ist, einfach Augen und Ohren offen halten und immer mal wieder nachfragen, was mit dem gebrauchten Pflanzenöl gemacht wird und ob man es nicht abnehmen könne.

Ein Problem könnte man bekommen, wenn dem Alt-Pflanzenölfahrer unterstellt würde, er besäße größere Mengen gebrauchtes Pflanzenöl, also eines Abfalls, der obendrein auch noch als Wasser gefährdend eingestuft ist. Dann könnte einem das Abfallrecht einige Sorgen bereiten.

Sehr interessant in diesem Zusammenhang ist, dass das gebrauchte Pflanzenöl, welches für den Frittenbudenbesitzer ja Abfall ist, den er entsorgen muss, kein Abfall mehr ist, wenn es sich um ein Produkt handelt, denn dann findet das Abfallrecht keine Anwendung mehr. Für jemanden, der sein Auto mit gebrauchtem Pflanzenöl betreiben möchte ist es ja definitiv kein Abfall, sondern ein geschätzter Rohstoff. Und genau dort kann man ansetzen, wenn man sich überlegt, welche Ansprüche man an das gebrauchte Pflanzenöl hat. Erstens möchte man regelmäßig damit versorgt werden und zweitens sollte es nicht übermäßig verschmutzt oder mit Wasser oder ähnlichem verunreinigt sein. Wenn ein Gastronom nun darauf eingeht, zu einem festen Termin, beispielsweise jeden Monat, eine bestimmte Menge zu liefern und er sich darum bemüht das alte Pflanzenöl so rein wie möglich zu halten, damit es der beabsichtigten Verwendung genügt, spricht dies definitiv schon dagegen, dass es sich um Abfall handeln könnte. Wenn man nun noch dem Gastronom einen Anreiz schaffen möchte, wird ein Preis pro Liter ausgehandelt, sagen wir 0,05 € pro Liter. Damit ist ein positiver Marktwert geschaffen und es handelt sich nicht mehr um Abfall im Sinne des Abfallgesetzes.

Damit man diese Absicht auch ggf. gegenüber den Behörden nachweisen kann, sollte man mit dem Gastronom einen kleinen Vertrag abschließen, dieser hat damit ebenfalls einen Nachweis über den Verbleib des gebrauchten Pflanzenöls. Ein solcher Vertrag könnte zum Beispiel wie folgt aussehen.

Kaufvertrag

Max Mustermann (Käufer)
Musterstraße 1
00000 Musterort

Herr Frittenbude
Musterstraße 2
00000 Musterort

Frittierstadt 1.9.2005

Im Folgenden wird vereinbart :

- Herr Max Mustermann erwirbt monatlich xx Liter gebrauchtes Pflanzenöl von Herrn Frittenbude zum Preis von 0,05 € pro Liter
- Damit das gebrauchte Pflanzenöl als Wertstoff für Herrn Mustermann Verwendung finden kann (gemäß des Gesetzes über erneuerbare Energien und der Biomasseverodnung), hat Herr Frittenbude für die größtmögliche Reinheit seines Produktes „gebrauchtes Pflanzenöl" zu sorgen. Verunreinigungen insbesondere mit Speiseresten, Wasser und Abfällen ist zu vermeiden. Im Falle einer starken Verschmutzung, die der gewollten Verwendung des gebrauchten Pflanzenöls im Wege steht, besteht seitens Herr Mustermann keine Verpflichtung zur Abnahme.
- Dieser Vertrag hat die Gültigkeit von 6 Monaten und verlängert sich jeweils um weitere 6 Monate, wenn er nicht von einer der beiden Parteien mit einer Frist von 4 Wochen gekündigt wird.

Datum / Unterschrift Käufer   Datum / Unterschrift Verkäufer

40

Die Aufbereitung

Zuerst lässt man die Brühe zwei Wochen in einem 200 Liter Fass absetzen, möglichst nicht im Wohnhaus, denn das Ganze kann schon erheblich riechen. Der obere Bereich wird vorsichtig abgeschöpft oder abgepumpt. Durch diesen ersten Schritt wurde das Öl schon wesentlich gereinigt, es ist fast klar geworden. Wenn es beim Erkalten fest geworden ist hat man ein Problem, denn um so ein Gebräu zu verfeuern, braucht man eine solide Umrüstung. Es gibt allerdings auch die Möglichkeit, halbfestes Frittenöl in Mischung mit Dieselkraftstoff zu fahren, ein Zweitanksystem ist jedoch dann obligatorisch.

Info : Mischung
Mischt man zu halbfestem Frittenfett (vorher erwärmen, bis es ganz flüssig ist) Biodiesel (20-30%) oder Dieselkraftstoff (10-20%) zu, wird der Stockpunkt des Fettes etwas verbessert. Es entstehen zwar beim Abkühlen immer noch kleine Fettklümpchen, so dass das ganze etwas an geronnene Milch erinnert, aber es wird nicht mehr so richtig fest und die Kraftstoffpumpe kann es pumpen. Dennoch, dieses Gemisch kann erst den Dieselfilter passieren, wenn der Wärmetauscher - sprich der Motor - warm ist, sonst verstopft das Zeug im nu den Filter. Wer Halbfestes verfahren will, sollte unbedingt ein Zweitanksystem verwenden und erst bei Erreichen der Betriebstemperatur auf Halbfestes umschalten.

Es ist sehr viel einfacher an gebrauchtes Halbfestes zu kommen als an flüssiges Altpflanzenöl, denn halbfestes Pflanzenfett ist in der Gastronomie sehr beliebt, da es sich einfacher handhaben lässt. Halbfestes sollte genau so wie normales Altpöl vor dem Filtern erwärmt werden, zum Beispiel mit einem Tauchsieder, damit es die Filtermaterialien passieren kann.

Der nächste Aufbereitungsschritt wäre das Filtern. Dies ist unerlässlich, denn die Schwebeteilchen -also Reste der Lebensmittel, die einmal darin zubereitet wurden- würden innerhalb kürzester Zeit den Kraftstofffilter verstopfen und die feinsten Partikel, welche ihn passieren können, die Einspritzpumpe zerstören oder Einspritzdüsen verstopfen. Auf keinen Fall sollte man seinen Augen trauen! Was klar aussieht muss nicht sauber genug sein!
Es gibt die Möglichkeit der passiven Filterung und der aktiven Filterung. Beim passiven Filtern läuft das erwärmte Pflanzenöl (z.B. mit einem großen Tauchsieder oder mit einem Einkochtopf) durch sein Eigengewicht durch einen Filter, wie man es von dem Kaffeefilter her kennt. Besonders gut funktioniert diese Methode mit einem Maischefass. Über die Öffnung wird der Filterstoff eingespannt und durch den Gewindering arretiert. Das Fass habe ich mir aus dem Baumarkt besorgt, Filtermatte ist bei mir ein Staubsauger-Filtereinsatz aus Fleece mit 1my Porengröße. Es empfiehlt sich in 2 Stufen zu Filtern um den feinen Filter zu schonen. Deshalb wird mein Öl zuerst mit 5my vorgefiltert. Dabei genügt ein Filterfleece in einem großen Blumentopf, welcher auf einem Metalleimer steht, oder ein großer Metalltrichter.

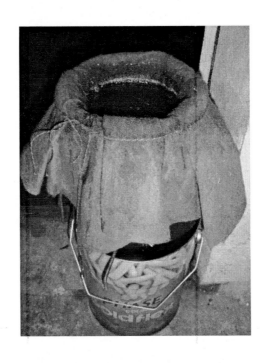

Abb. : links gebrauchtes Pflanzenöl gefiltert (1my), rechts frisches Pflanzenöl

Beim aktiven Filtern wird das Öl mit Hilfe einer Pumpe durch einen Filter (am besten ein Kerzenfilter) gepresst. Bei den Filtern sollte man darauf achten, dass die Porengröße des Filtermaterials höchstens 1my beträgt! Diese Maschenweite bewirkt die sichere Filterung der unerwünschten Partikel die sich im gebrauchten Pflanzenöl befinden. Bei meiner kleinen Filteranlage wird vorgefiltertes und erwärmtes Halbfestes erst im Trichter auf 1my gefiltert (links im Bild) und dann mit einer Kraftstoffpumpe durch einen KFZ Kraftstofffilter in den zweiten Kanister gepumpt. Dadurch erreiche ich eine gute Filterleistung und der Kraftstofffilter im Fahrzeug hält sehr viel länger. Ich filtere immer nur genau so viel Pflanzenöl, wie ich gerade benötige, deshalb reicht diese low Budget Lösung völlig aus.

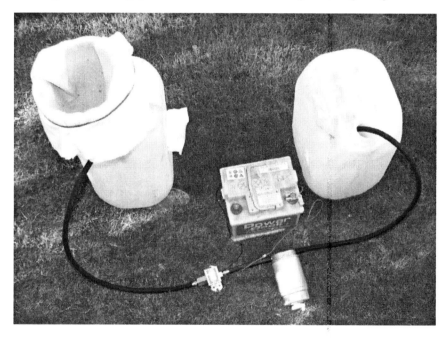

Die Einspritzpumpe ist ein sehr genau hergestelltes Bauteil des Motors, der Verteilerkolben mit der Genauigkeit von wenigen hunderstel Millimetern gefertigt. Nicht ausreichend gefilterter Kraftstoff würde die Einspritzpumpe in kurzer Zeit zerstören. Das nächste Bild zeigt den Einspritzpumpenkopf mit massiven klebrigen Ablagerungen durch unreines Alt-Pflanzenöl (diese Ablagerungen verursachten einen Verteilerkolbenfresser).

Die aktive Methode geht deutlich schneller, aber der Aufbau einer solchen Anlage verbraucht Zeit sowie Geld und lohnt sich deshalb nur für denjenigen, der diese Form der Kraftstoffgewinnung regelmäßig betreibt. Nach dem Filtern kann das Alt-Pflanzenöl getankt werden. Allerdings liegen für das Verfeuern von Altpflanzenöl wenige Erfahrungswerte vor, um mit Sicherheit sagen zu können, dass die Verwendung unbedenklich ist! Bei der Verwendung als Frittieröl könnte das Öl lipophile (öllösliche) Substanzen aufgenommen haben, welche Ablagerungen, Verschleiß an der Einspritzpumpe oder Verkokungen und damit eventuelle Motorschäden verursachen könnten. Weiterhin bedeutet das permanente Erhitzen des Öls einen Alterungsprozess. So können in chem. Prozessen Säuren abgespalten werden, welche sich negativ auf den Motor auswirken. Auch ist durch den Alterungsprozess die Viskosität von Altpflanzenöl höher als bei Frischöl. Ich musste in meinen Versuchen immer wieder Diesel zumischen, weil das Altpflanzenöl einfach zu dickflüssig war, wodurch sich sowohl der ökologische Nutzen als auch die Ersparnis verringert.

Info : Übrigens löst sich Zucker oder Salz nicht in Pflanzenöl, diese Frage wird im Zusammenhang mit gebrauchtem Pflanzenöl immer wieder gestellt.

Weiterhin enthält auch auf 1my gefiltertes Altpflanzenöl Schwebeteilchen, auch wenn das Öl klar aussieht. Dazu habe ich einen Versuch gemacht und 1 Liter auf 1 my gefiltertes Altpflanzenöl noch einmal durch einen kleinen Keramikfilter mit der Porengröße 0,2 my gefiltert. Das Ergebnis sieht man im nachfolgenden Bild : links der Keramikfilter vor und rechts nach der Filterung.

Deutlich ist die Verunreinigung des Keramikfilters zu erkennen. Welche Auswirkungen dies langfristig auf den Motor oder die Einspritzanlage hat, dürfte klar sein, zumindest führt es zu schnellerem Filterverschleiß.

Das nächste Bild zeigt einen gebrauchten Kraftstoffilter, den ich aufgeschnitten und seinen Filterpapier - Einsatz herausgezogen habe. Auch hier kann man deutlich die von ihm gefilterte Restverunreinigung erkennen, obwohl das verwendete gebrauchte Pflanzenöl vorher auf 1my gefiltert war.

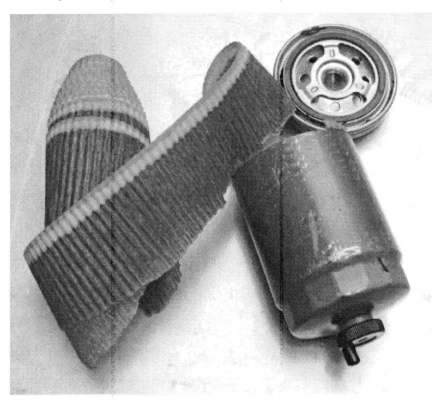

Info: Alt-Pflanzenöl ist als wassergefährdende Substanz eingestuft und somit gelten strengere Lagervorschriften. Also nicht fässerweise in der Garage lagern! Auch hier gilt, dass man das gebrauchte Pflanzenöl mit 0% versteuert werden muss, man ist ja streng genommen wieder Mineralölhersteller, wenn man das Öl auf Vorrat da hat. Also besser regelmäßig kleine Mengen abnehmen, direkt aufbereiten und vertanken!

Kann man Pflanzenöl lagern, wird es schlecht?

Grundsätzlich ist Pflanzenöl ein Naturprodukt und deshalb auch Abbauprozessen unterworfen, das ist ja einer der großen Vorteile. Es ist möglich, dass sich Bakterien oder Pilze auf dem Pflanzenöl ansiedeln, die jedoch die Verwendbarkeit nicht unbedingt einschränken, es sei denn, der Befall mit Mikroorganismen geht mit einer Trübung einher. Weiterhin steigt die Viskosität und der Säuregehalt des Öls mit zunehmendem Alter. Deshalb sollte man das Pflanzenöl nicht länger als ein Jahr in einem dunklen und luftdichten (damit der Feuchtigkeitsgehalt nicht steigt) Behältnissen gelagert werden. Bildet sich auf der Oberfläche eine Haut, dann ist das Pflanzenöl mit zu viel Luft in Berührung gekommen und an der Oberfläche verharzt. Eine andere Möglichkeit besteht darin, dem Pflanzenöl 1% Dieselkraftstoff zuzusetzen, dieser ist für Mikroorganismen giftig, so dass sie sich nicht so gut vermehren können. Vorsicht! Bei solchen Diesel-Pflanzenöl-Mischungen gelten strenge Lagervorschriften wie zum Beispiel für Heizöl!

Kann man Pflanzenöl als Motoröl verwenden?

Tatsächlich gibt es Mutige, die das Pflanzenöl sogar als Motoröl verwenden, sogar spezielle Motoren sind zu diesem Zweck entwickelt worden. Diese Spezialmotoren verwenden das Pflanzenöl zuerst als Schmieröl bevor es der Einspritzpumpe zur Verbrennung zugeführt wird. Dadurch wird das Pflanzenöl in einem ständigen Kreislauf gehalten und permanent erneuert. Im Serien-Dieselmotor würde ich von der Verwendung von Pflanzenöl als Motorschmiermittel abraten, denn es altert zu schnell und es sind keine Additive zugesetzt, die zum Beispiel den Schmierfilm bei hoher Belastung nicht abreißen lassen, die Schutzteilchen in der Schwebe halten und damit Ölschlamm verhindern, die korrosionshemmend sind... in meinem Motor wird immer noch Mineralöl als Motorschmierung verwendet. Es gibt schon Spezialöle auf Pflanzenölbasis, die für den Verwendungszweck als Motoröl besonders veredelt wurden und zu 80% biologisch abbaubar sind. Allerdings hat dieses Öl eine Viskosität von 5W40. Solle der Dieselmotor schon nicht mehr ganz so dicht sein und an Wellendichtungen schon mal den ein oder anderen Tropfen Öl verlieren, dann ist es nicht gut, so dünnflüssiges Motoröl zu verwenden, weil es dann noch stärker herausläuft. Auch wird eventuell der vorgeschriebene Öldruck nicht erreicht, wenn die Ölpumpe schon zu stark verschlissen ist. Ist der Motor technisch in Ordnung, kann man dieses Öl ruhig verwenden, wenn seine Qualität den Herstellervorschriften des Fahrzeugs entspricht.

Welches Equipment braucht man für die Umrüstung?

Für die normalen Arbeiten reicht im Prinzip das Werkzeug aus, welches jeder Hobby-Schrauber besitzt.

- ein gut sortierter Ratschenkasten
- ein Maulschlüsselsatz
- ein Ringschlüsselsatz
- Schraubendreher in verschiedenen Größen

Zusätzlich angeraten ist folgendes Equipment

- Reparaturhandbuch für das Fahrzeug
- Multimeter
- Kleiner Drehmoment Schlüssel
- Eventuell ein Einspritzdüsentester
- Spezialnuss für das Ausdrehen der Einspritzdüsen
- Torx-Satz (finden sich bei vielen Fahrzeugen)
- Schlauchschellen / Kabelbinder
- Eine Einwegspritze (zum Füllen der Leitungen mit Kraftstoff, dadurch lässt sich das System leichter entlüften)
- Kabelzange und Kabelklemmen
- Dose Rostlöser
- Sortiment Schrauben und Muttern / Blechschrauben

Anpassungen des Fahrzeuges und des Kraftstoffs

Es hat sich gezeigt, dass Motoren, bedingt durch ihre Konstruktion und technischen Zustand, unterschiedlich auf den Betrieb mit Pflanzenöl reagieren. Es ist also nicht immer nötig, bei jedem Fahrzeug auch jeden Umbauschritt durchzuführen. Manchmal erreicht man schon mit Basis-Veränderungen ein zufriedenstellendes Ergebnis.

Info: Bei allen Arbeiten an der Kraftstoffanlage ist zu beachten, dass durch neue Leitungen, Bauteile oder einfach nur das Öffnen des Systems, Luft in das Kraftstoffsystem gelangen kann, worauf Dieselmotoren mehr oder weniger empfindlich reagieren. Im Extremfall verweigert der Motor den Startbefehl und das System muss entlüftet werden. Um dies zu vermeiden, ist es ratsam, die Leitungen mit Schlauchklemmen vor dem Abziehen zu verschließen und die Bauteile und neue Schläuche vor dem Einbau mit Hilfe einer Spritze mit Pflanzenöl oder Dieselkraftstoff zu füllen. Ist dennoch zu viel Luft in das System gelangt, einen Blick auf die Dieselförderpumpe werfen. Meist befindet sich im unteren Bereich mechanischer Förderpumpen ein Handhebel. Dann wird die Entlüftungsschraube oben am Dieselfilterhalter geöffnet und so lange mit dem Handhebel gepumpt bis Kraftstoff austritt. Danach sofort wieder verschließen. Fehlt der Handhebel, funktioniert das Ganze natürlich auch mit der Vorförderpumpe oder indem man den Anlasser drehen lässt. Ist auch die Einspritzpumpe leergelaufen, müssen die Einspritzleitungen an den Düsen demontiert und der Motor so lange gedreht werden, bis hier Kraftstoff austritt. Schutzbrille verwenden! Eine waagerecht eingebaute Verteilereinspritzpumpe (bei nicht kurzgeschlossenem Rücklauf) entlüftet sich in der Regel von selbst.

Zum einfacheren Entlüften solcher Systeme benutze ich immer eine Entlüftungs-Pistole aus dem Motorradzubehör, die eigentlich für das Wechseln der Bremsflüssigkeit gedacht ist. Für den Pflanzenölzweck eine saubere und funktionelle Sache. Abgesaugtes Öl sammelt sich im Vorratsbehälter und kann wieder getankt werden ☺

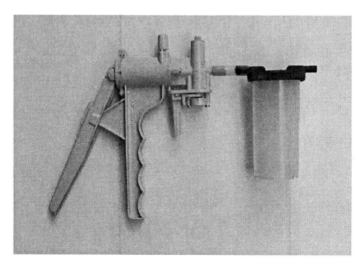

Alle Veränderungen haben das Ziel die Unterschiede zwischen den Kraftstoffen Diesel und Pflanzenöl auszugleichen, Pflanzenöl hat eine höhere Viskosität als Diesel, eine geringere Cetanzahl (die Cetanzahl gibt die Zündwilligkeit des Kraftstoffs an, je niedriger um so zündunwilliger ist der Kraftstoff) und einen wesentlich höheren Entflammpunkt (Diesel ca. 80°C / Pflanzenöl über 300°C)! Das Ziel jeder Umrüstung sollte der perfekt laufende Motor sein. Niemals sollte man sich mit halbherzigen Umbauten zufrieden geben. Ein unruhiger Motorlauf, schlechtes Kaltstartverhalten, schlechte Leistung und starker Ruß bedeuten zwar, dass der Motor arbeitet, ein solches Verhalten würde man jedoch dem Motor bei Dieselbetrieb nicht durchgehen lassen. Auf kurz oder lang würde damit der Motor zerstört, der Kraftstoffverbrauch und der Schadstoffausstoß gesteigert.

Mischungen

Dies ist die einfachste Form um Pflanzenöl zu verfahren, da bis zu einer gewissen Prozentzahl (30-50% Pflanzenölanteil zum Diesel je nach Motortyp und seinem Zustand) auf technische Veränderungen verzichtet werden kann. Vor- und Wirbelkammermotoren vertragen in der Regel mehr Pflanzenölanteil, als Direkteinspritzer.
Allerdings schmälert dieses Verfahren den ökologischen und ökonomischen Nutzen durch den weiterhin hohen Dieselanteil erheblich. Dazu kommt, dass sich in allen Betriebszuständen –auch beim Kaltstart- dieses Pflanzenöl-Diesel Gemisch im Einspritzsystem befindet und bei nicht umgerüsteten Fahrzeugen zu verschlechtertem Kaltstartverhalten und unruhigem Motorlauf führt. Besonders in den Kaltstartphasen kommt es hier zu unvollständiger Verbrennung, Ablagerungen und Pflanzenöleintrag ins Motoröl.
Allerdings ist es ebenso vorteilhaft auch bei Fahrzeugen mit Zweitanksystem etwas Dieselkraftstoff dem Pflanzenöl zuzugeben. Der Entflammpunkt von Pflanzenöl wird schon durch geringste Beimischungen von Dieselkraftstoff stark herabgesetzt, so dass die Beimischung von 10% Diesel zu dem Pflanzenöl den Entflammpunkt des Gemisches sehr stark an den des reinen Diesel angleicht.
Dies sorgt für eine Verbesserung der Kaltstarteigenschaften und der Verbrennung, da der schnell zündende Dieselanteil den Pflanzenölanteil zügiger entflammen lässt. Sinnvoll ist dies bei der Verwendung des Eintanksystems und bei Fahrzeugen mit Radialkolben-Verteilereinspritzpumpe (hier sollte der Dieselanteil 20-30% betragen).
Von Mischungen mit Benzin möchte ich abraten. Der Umgang mit diesem Stoff ist zu gefährlich. Dazu kommt, dass die Betriebserlaubnis der Glühkerzenheizer erlischt, wenn sich Benzinanteile im Gemisch befinden.

Info Mischen : Dieselkraftstoff mischt sich mit Pflanzenöl in jedem Verhältnis. Ist die Mischung homogen hergestellt, entmischt sich das Gemisch nicht mehr selbst ständig. Wer direkt im Tank mischt, sollte darauf achten, dass der Fahrzeugtank im Inneren keine Kammern besitzt. Diese Kammern werden verwendet, um das (zum Mischen sehr gewünschte) Schwappen im Tank zu verhindern und somit den Fahrkomfort zu erhöhen.

Auf der nächsten Seite ist eine Grafik abgebildet. Sie zeigt die Durchflussgeschwindigkeit verschiedener Diesel / Rapsöl Mischungen durch mein Eigenbau Viskosimeter. Direkt vorweg, diese Messreihe ist recht ungenau, da sie mit einer improvisierten Apparatur ermittelt wurde. Deshalb sind die Werte hier nicht absolut zu sehen, sie wurden zusätzlich geglättet, die generelle Aussage ist jedoch korrekt.

Aus einer am Boden aufgeschnittenen Wasserflasche, in deren Schraubverschluss ich ein Loch mit einer heißen Nadel gestochen habe, besteht mein Durchflussviskosimeter. Dieses besitzt 2 Markierungen, die den Inhalt eines Liters markieren. Nun wurde die Flasche umgekehrt eingespannt, mit den Mischungen bei 2 verschiedenen Temperaturen (Zimmertemperatur entspricht dem nicht umgerüsteten Fahrzeug, die 70°C dem umgerüsteten mit Kraftstoffvorwärmung) befüllt und dann die Zeit gemessen, die ein Liter benötigte, um durch das Loch im Schraubverschluss zu fließen.

Dargestellt ist die Zeit, welche die Mischungen brauchten um durch die Öffnung zu fließen, also nicht die Viskosität. Die Durchflussgeschwindigkeit ist ein gutes Maß für die Viskosität. Aus meiner Erfahrung heraus habe ich eine Linie eingezeichnet, welche die Problemgrenze darstellen soll. Oberhalb dieser Grenze steigt das Risiko von Betriebsstörungen des Fahrzeugs und die Gefahr technischer Schäden z.B. an der Einspritzpumpe rapide an. Wie auch schon an anderer Stelle erwähnt, empfehle ich auch bei umgerüsteten Fahrzeugen eine Zugabe von 10% Dieselkraftstoff.

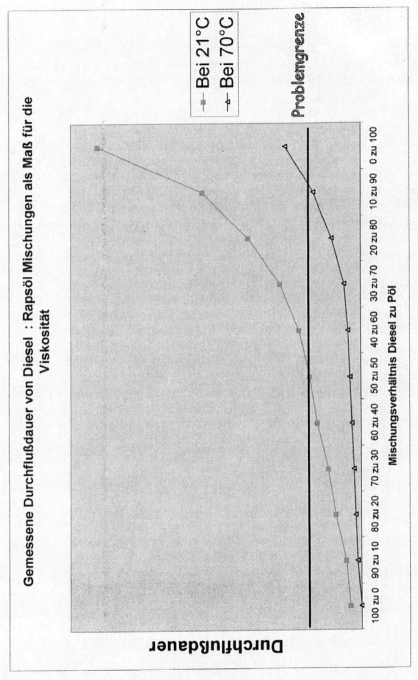

Gemessene Durchflußdauer von Diesel : Rapsöl Mischungen als Maß für die Viskosität

Bei 21°C
Bei 70°C

Problemgrenze

Durchflußdauer

Mischungsverhältnis Diesel zu Pöl

100 zu 0 | 90 zu 10 | 80 zu 20 | 70 zu 30 | 60 zu 40 | 50 zu 50 | 40 zu 60 | 30 zu 70 | 20 zu 80 | 10 zu 90 | 0 zu 100

Vorwärmung des Pflanzenöls

Zur temperaturabhängigen Viskosität des reinen Pflanzenöls (Rapsöl) habe ich nochmals eine Messreihe aufgetragen.
Nun wurde die Flasche umgekehrt eingespannt, mit Pflanzenöl verschiedener Temperaturen befüllt und dann die Zeit gemessen, die ein Liter benötigte, um durch die Bohrung im Schraubverschluss zu fließen. Zum Vergleich habe ich dann Dieselkraftstoff, der Zimmertemperatur hatte, gemessen. Die Messungen wurden 10 mal wiederholt, die Ergebnisse gemittelt und den - der Messungen entsprechenden - gemittelten Temperaturen gegenüber aufgetragen.

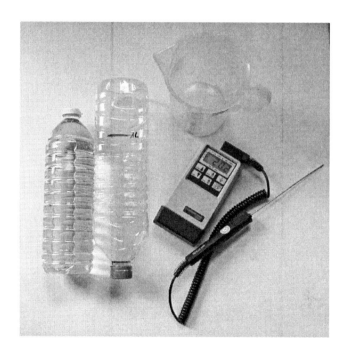

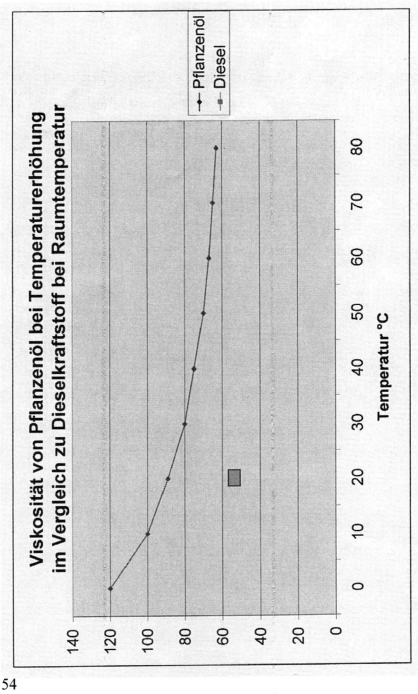

54

Das Ergebnis zeigt sehr deutlich, dass mein geprüftes Pflanzenöl (Rapsöl aus dem Supermarkt) im Bereich des Gefrierpunktes eine starke Viskositätsänderung erfährt. Diese hohe Viskosität ist in Hinblick auf die Belastung der Einspritzpumpe und des perfekten Spritzbildes der Einspritzdüsen unbedingt zu vermeiden. Dies würde bedeuten, dass im Winter eine Verwendung von Pflanzenöl im Eintanksystem nicht möglich ist, es sei denn, man vermischt mit Dieselkraftstoff in hohen Anteilen.

Gut erkennbar ist, dass sich die Viskosität von Pflanzenöl im Bereich der durch einen Wärmetauscher erreichbaren Temperatur von 60-80°C, der Viskosität von Diesel mit 20°C nähert. Eine noch höhere Temperatur am Vorlauf der Einspritzpumpe würde zwar die Viskosität noch weiter der des Dieselkraftstoffs angleichen, aber die thermische Belastung der Einspritzpumpe, Leitungen usw. wäre zu hoch. Somit erreicht man mit der Erwärmung nur einen Teil der gewünschten Reduzierung der Viskosität. Eine weitere Reduzierung erreicht man mit der Beimischung von Dieselkraftstoff.

Beachtet werden muss, dass verschiedene Pflanzenöle unterschiedliche Eigenschaften besitzen, so dass die genannten Werte bei der Verwendung beispielsweise von Sojaöl in anderen - wenn auch ähnlichen - Temperaturbereichen liegen.

Trotz aller Umbaumaßnahmen bleibt aber eine Erhöhung der Viskosität bestehen. Besonders beim Eintanksystem in der Kaltstartphase wird von der Einspritzpumpe kalter Kraftstoff verarbeitet. Im Winter erreicht der Wärmetauscher nicht seine optimale Leistung und zusätzlich treten an den Bauteilen höhere Wärmeverluste auf. Um die Erhöhung der Viskosität hier auf geringem Niveau zu halten sollte ein höherer Dieselanteil zu getankt werden oder eine zusätzliche elektrische Kraftstoffheizung eingebaut werden.

 Tipp: Oftmals ist es schwierig die Kraftstoff- oder Kühlwasserleitungen über die jeweiligen Anschlüsse zu bekommen. Auf keinen Fall die Schläuche einölen, denn dann kann es sein, dass sie nachher trotz Schlauchschelle wieder abrutschen. Besser das Ende des Schlauchs kurz in Spiritus tauchen und dann den Schlauch über den Anschluss stecken. Der Schlauch rutscht dann prima und der Spiritus kann durch den Gummi verdunsten.

Vorwärmung elektrisch

Spätestens wenn man sein Fahrzeug im Winter auch mit Pflanzenöl betreiben möchte, oder man höhere Anteile Pflanzenöl verfeuert, kommt man um den Einbau einer Kraftstoffvorwärmung nicht herum. Damit schlägt man gleich zwei Fliegen mit einer Klappe. Erstens erreicht man, wie schon erläutert, durch die Erwärmung des Pflanzenöls eine geringere Viskosität, das Öl fließt besser durch die Leitungen, beansprucht die Einspritzpumpe nicht zu stark (höhere Viskosität führt zu höherem Pumpeninnendruck) und kann von den Düsen besser zerstäubt werden. Zweitens hat Pflanzenöl die unangenehme Eigenschaft, dass es schon im Bereich des Gefrierpunktes anfängt fest zu werden. Helle Flocken bilden sich, die ohne geeignete Erwärmung Leitungen und den Kraftstofffilter verstopfen würden. Durch Erwärmung des Pflanzenöls verschwinden diese Flocken wieder und das Öl wird dünnflüssiger.

Dieselkraftstoff ist im Winter bis ca. minus 20°C flüssig, es enthält dann Zusätze, die das Abscheiden von Parafinen, das so genannte „Versulzen des Kraftstoffs" hinauszögern.

Ein vor den Kraftstofffilter in die Leitung montierter elektrischer Durchlauferhitzer (im Fachhandel erhältlich) erwärmt das Pflanzenöl so viel, dass sich die festen Klümpchen auflösen und das Öl den Filter passieren kann. Dieser Durchlauferhitzer besteht im Prinzip aus einem Gehäuse mit zwei Anschlüssen für den Kraftstoffschlauch in dem sich eine elektronisch gesteuerte Glühkerze befindet, welche im Betrieb vom Pflanzenöl umspült wird.

Eine andere Form der elektrischen Kraftstoffvorwärmung ist eine Einheit, die in den Kraftstofffilter eingebracht wird, so wird der Filter direkt beheizt. Ich kann beide Systeme sehr empfehlen, da sie zuverlässig funktionieren und direkt ab Motorstart wirksam sind. Sie eignen sich besonders als zusätzliche Kraftstoffheizung neben einem Wärmetauscher.

Allerdings hat diese Form der Vorwärmung auch Nachteile, denn der elektrische Verbrauch dieser Geräte steigert den Kraftstoffverbrauch des Fahrzeugs. In meinem Fahrzeug konnte ich am Messinstrument eine starke Belastung meiner Batterie feststellen. Weiterhin reicht die Leistung nur für Fahrzeuge mit geringem Verbrauch, ist die Durchflussmenge größer, wird die optimale Temperatur für Pflanzenöl von 60-80°C vor der Einspritzpumpe nicht erreicht. Als alleinige Wärmequelle sind diese Geräte deshalb nur bedingt geeignet.

Weiterhin werden diese Glühkerzenheizer punktuell so heiß, dass direkt an der Glühkerze Verkrustungen entstehen, die (wenn nicht ein Filter dazwischengeschaltet ist) zu Schäden an der Einspritzpumpe führen könnten. Aus diesem Grund werden diese Geräte immer VOR dem Filter montiert!

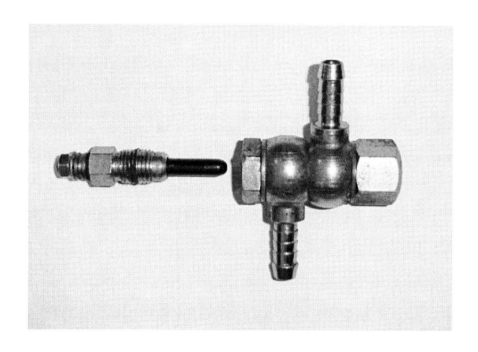

Nach der Betriebszeit von einem Jahr, habe ich meinen Glühkerzenheizer zerlegt, diese Verkrustungen waren deutlich zu erkennen.

Standheizung

Ein weiteres Problem besteht darin, dass die elektrische Vorwärmung des Kraftstoffs beim Kaltstart wenig nützt, denn in dem Filter, der Einspritzpumpe und den Leitungen ist der Kraftstoff kalt. Dies führt zu schlechtem Startverhalten, unruhigem Motorlauf und schlechter Zerstäubung des Kraftstoffs. Tropfende Düsen können Kolbenschäden verursachen, dies musste ich selbst auch feststellen: Denn eine ohnehin schon nicht mehr so gute Einspritzdüse hatte tröpfelnder Weise im Winter einen Kolben meines Motors zerstört!
Außerdem gelangt bei diesem Vorgang Pflanzenöl in das Motoröl. Durch seine klebrige Art bindet das Pflanzenöl Schmutz- und Rußpartikel an sich und verklumpt. Dies kann zum Verstopfen wichtiger Schmierölkanäle führen und einen Lagerschaden verursachen. Weiterhin beobachte ich bei zu langen Ölwechselinterwallen eine extreme Schaumbildung des Motoröls, das vom Pflanzenöl-Eintrag ins Motoröl herrühren muss. Schaumiges Motoröl ist für den Motor sehr gefährlich, denn es führt zu Öldruckverlust und den damit verbundenen Schmierungsproblemen.
Ebenfalls weist der Blaurauch bei einem solchen Kaltstart auf unverbrannte Kohlenwasserstoffe, und somit auf hohe Schadstoffkonzentrationen hin.
Einen Kaltstart sollte man verhindern und das funktioniert am besten mit einer Standheizung. Am geeignetsten ist ein Wasserheizgerät, bedeutet, das diese Heizung das Kühlwasser des Motors und damit den Motor heizt. Nachteile hat dieses Verfahren natürlich auch, denn es verbraucht Diesel oder Benzin und das bedeutete, ich brauchte einen zweiten Tank. Mit Pflanzenöl oder mit Diesel-Pflanzenöl-Gemisch funktioniert die Standheizung definitiv nicht, denn die Glühkerze in der Standheizung erreicht nicht die Zündtemperaturen für Pflanzenöl und mit Gemisch rußt sie sich zu. Beachtet werden muss unbedingt, dass die Standheizung immer ihren eigenen Tank besitzen muss, denn auch bei der Zweitank-Umrüstung gelangen Pflanzenölanteile durch das Umschalten des Rücklaufes (einzige Ausnahme: Rücklauf ist kurzgeschlossen) in den Dieseltank. Für den Motor sind diese Bestandteile unerheblich, die Standheizung, besonders die Glühkerze verträgt diesen Anteil nicht.

Natürlich gibt es auch andere Prinzipien einer Standheizung. Zum Beispiel ein „Latenter Wärmespeicher". Dies ist eine günstige „Standheizung" aber für unseren Zweck unbrauchbar. Sie besteht aus einem gut isolierten Gefäß mit Kühlwasseranschlüssen. Nach Abstellen des Fahrzeugs bleibt hierin das Wasser bis zum nächsten Morgen warm und sorgt beim nächsten Start für schnelleres Erreichen der Betriebstemperatur. Trotzdem wird hiermit der Kaltstart nicht verhindert und bei längerer Stillstandzeit ist dieses System ohnehin wirkungslos. Daneben gibt es noch die elektrische Standheizung auf 230V Basis. Hier wird der Motor mittels einer Art Tauchsieder vorgewärmt, der anstelle eines Froststopfens in den Motorblock eingesetzt wird. Ich halte von dieser Standheizung für unseren Zweck wenig, da der Betrieb einen Stromanschluss voraussetzt.

Wärmetauscher

Der Einbau eines Wärmetauschers ist sehr zu empfehlen, denn es ist eine sehr wirkungsvolle Methode den Kraftstoff vor zu heizen, und es verbraucht keine zusätzliche Energie. Das Prinzip ist einfach: Heißes Kühlwasser des Motors wird durch Metallplatten getrennt am Pflanzenöl vorbeigeleitet, wobei der Kraftstoff die Wärme des Wassers aufnimmt. Entweder man kauft einen sogenannten Plattenwärmetauscher, der in seiner Effektivität ungeschlagen und teuer ist, oder man bastelt sich so ein Teil selber. Zwar ist der Wirkungsgrad nicht ganz so groß, trotzdem erreiche ich mit meinem Eigenbau-Wärmetauscher in Kombination mit der elektrischen Vorwärmung knapp 60°C Pflanzenöltemperatur vor der Einspritzpumpe, das ist gerade so noch „OK" für eine Axialkolben-Pumpe für meine Radialkolbenpumpe ist dieser Wert perfekt, höher sollte er nicht sein, da -wie schon erwähnt- durch die höhere Reibung im Innern der Pumpe noch zusätzlich Wärme entsteht. Dieser Wärmetauscher wird direkt hinter die Standheizung montiert, so dass er beim Betrieb der Standheizung schnell die optimale Temperatur erreicht. Im Übrigen ist vom Bau sogenannter Abgaswärmetauscher in diesem Bereich abzuraten, da das Abgas sehr viel höhere Temperaturen als das Kühlwasser erreicht und damit die Temperatur des Kraftstoffs unzulässig hoch werden könnte. Einen eigenen Wärmetauscher für das Kühlwasser kann man sich einfach mit Kupferrohren und einem Gasbrenner mit Lötzinn/Fett selbst herstellen. Zuerst braucht man den Innendurchmesser der Kühlwasserleitungen, die zur Innenraumheizung führen (also vom kleinen Kühlkreislauf, dieser wird vor der Öffnung des Thermostates als erster aufgeheizt). Man besorgt sich für die Anschlüsse Kupferrohr mit diesem Durchmesser, dazu ein Kupferrohrstück mit möglichst großem Durchmesser (da kommt die Heizwendel rein) und Reduzierstücke von dem großen auf den kleinen Durchmesser. Dann braucht man noch ein Kupferrohr mit dem Durchmesser der Kraftstoffschläuche in der Regel 8 oder 10mm. Dieses Rohr gibt es im Sanitärhandel in verchromter Ausführung. Dann wird das dünne Kupferrohr mit Hilfe einer Biegefeder zu einer Spirale gebogen, die in das Innere des großen Kupferrohres passt (manche wickeln das dünne Kupferrohr einfach außen auf das Dicke, aber dadurch erreicht man nur einen schlechten Wirkungsgrad und eine schlechte Erwärmung des Pflanzenöls). Je länger diese Spirale ist und je mehr Windungen sie besitzt, desto höher ist der Wirkungsgrad und je besser wird der Kraftstoff vorgeheizt. Die beiden Reduzierstücke werden durchbohrt, so dass die Heizwendel dadurch gesteckt werden kann. Dann wird alles, wie auf der Zeichnung, zusammengesteckt, die Verbindungen mit dem Gasbrenner erhitzt und mit Lötwasser/Fett bestrichen und mit Lötzinn verlötet. Fertig ist der Eigenbauwärmetauscher, jetzt nur noch den Kühlwasserschlauch an einer geeigneten Stelle öffnen und den Wärmetauscher einsetzen. Darauf achten, dass der Weg des erwärmten Pflanzenöls zum Filter und der Einspritzpumpe möglichst klein ist, damit der Kraftstoff auf seinem Weg nicht wieder abkühlen kann.

Info: Wird das Fahrzeug zeitweise mit Diesel betrieben und wird dieser durch den Wärmetauscher aufgewärmt, kann es durch Erwärmung / Ausdehnung des Dieselkraftstoffs und der damit geringeren Einspritzmenge zu einem geringen Leistungsverlust kommen. Zu diesem Zweck ist es ratsam, parallel zum Wärmetauscher einen Bypass zu legen und eine Umschalteinheit zu montieren (Magnetventil oder Kugelhahn) mit der bei Bedarf auf die Kraftstoffsorten umgeschaltet werden kann. Damit kann bei längerem Dieselbetrieb der WT außer Funktion gesetzt werden oder sogar durch halbes Öffnen der Hähne etwas in seiner Leistung geregelt werden. Beispiel eines solchen Bypasssystems ist im nächsten Bild dargestellt, hergestellt aus verlöteten Kupferrohren und 2 Kugelhähnen (im Bild beide geöffnet).

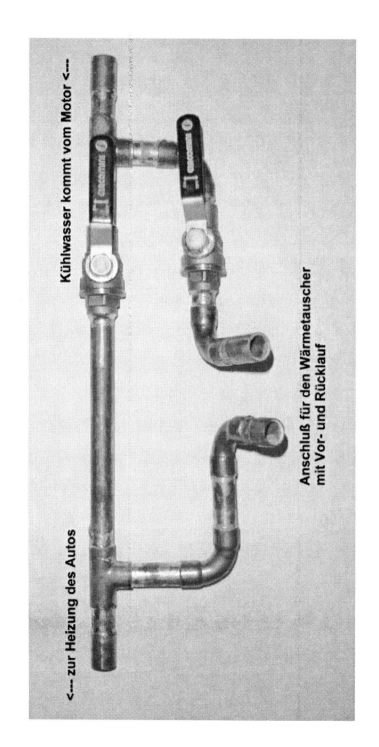

Kühlwasser kommt vom Motor <---

<--- zur Heizung des Autos

Anschluß für den Wärmetauscher
mit Vor- und Rücklauf

Info: Handelt es sich bei dem Fahrzeug und ein sehr modernes Dieselfahrzeug, dann ist unter Umständen der Wirkungsgrad des Motors so
groß, dass die Wärmeverluste sehr gering bleiben und das Kühlwasser
gar nicht mehr richtig aufgeheizt wird. In diesem Fall ist der Plattenwärmetauscher an die Zusatzheizung anzuschließen oder man muss generell
auf eine elektrische Vorwärmung ausweichen.
Nachfolgend ein Bild von meinem selbstgebauten Wärmetauscher im eingebauten Zustand. Die Isolation habe ich für das Bild entfernt. Wichtig ist, dass der
Wärmetauscher aus dem gleichen Material wie der Kühler besteht und das
Frostschutzmittel für dieses Material geeignet ist, sonst bastelt man ein galvani-
sches Element! Dies könnte zu Lochfraß führen. Wer einen Alukühler hat,
braucht auch einen Alu-Wärmetauscher. Im übrigen gibt es immer wieder Gerüchte, man dürfe für Kraftstoffleitungen kein Kupfer verwenden. Richtig ist,
dass Kupfer katalytische Eigenschaften besitzt, allerdings ist stark anzuzweifeln,
ob diese Eigenschaft beim Pflanzenölbetrieb irgendeinen Einfluss besitzt, denn
auch Dichtungen an Hohlschrauben sind zum Beispiel in Kupfer ausgeführt.

Im nächsten Bild gibt es die Anleitung zum Nachbasteln eines WT. Die Teile
bekommt man für ein paar Euro im Sanitärhandel und das Basteln macht Spaß.

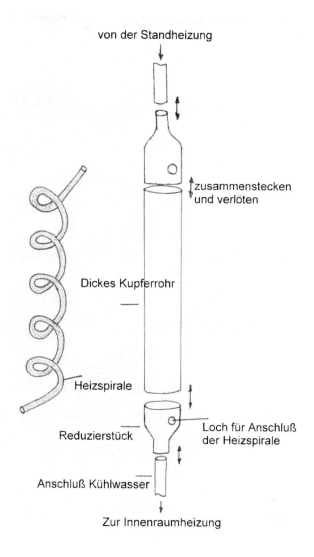

von der Standheizung

zusammenstecken
und verlöten

Dickes Kupferrohr

Heizspirale

Reduzierstück

Loch für Anschluß
der Heizspirale

Anschluß Kühlwasser

Zur Innenraumheizung

Natürlich kann der Wirkungsgrad eines solchen Wärmetauschers niemals so hoch sein, wie der eines professionell hergestellten Plattenwärmetauschers, die es im einschlägigen Handel zu kaufen gibt. Allerdings muss man für diese auch einige Euros auf den Tisch legen. Gerade aber weil er eine geringere Leistung

hat, ist er für den Umbau eines Fahrzeuges mit Radialkolben-Einspritzpumpe geeignet. Hier braucht man keine so große Leistung, denn der höhere Dieselanteil verringert ohnehin schon die Viskosität !
Für den Umbau eines Fahrzeuges mit Axialkolben-Einspritzpumpe würde ich die leistungsstarken Wärmetauscher empfehlen.

Im nächsten Bild sieht man einen Plattenwärmetauscher, der sich hervorragend für den Pflanzenöleinsatz eignet.

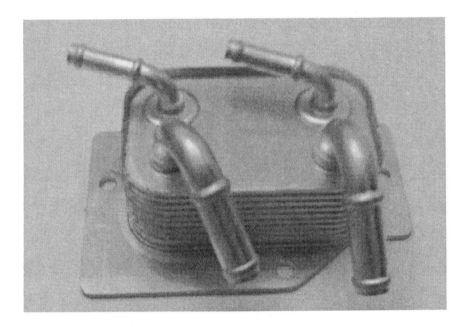

Wärmetauscher gibt es in verschiedenen Versionen mit verschiedenen Anschlüssen, so kann sich jeder das aussuchen, was am besten in das eigene Fahrzeug passt. Man sollte sich die Daten geben lassen, denn ein hoher Wirkungsgrad dieser Geräte ist in den meisten Fällen mit einem hohen Druckverlust verbunden, dass heißt sowohl das Kühlwasser, als auch das Pflanzenöl fließt schlecht hindurch. Das kann zur Folge haben, dass die Pumpe nicht genug Kraftstoff fördern kann und es im Winter im Innenraum des Autos nicht mehr warm wird, weil die Heizung zu wenig heißes Wasser abbekommt.

In vielen Fällen hat sich ein Wärmetauscher als geeignet herausgestellt, der bei Fahrzeugen von VW und Audi als Ölkühler Verwendung findet. Dort sitzt er zwischen Ölfilter und Flansch und wird vom Kühlwasser durchströmt. Gebraucht auf dem Schrottplatz kostet dieses Teil ca. 10 Euro.

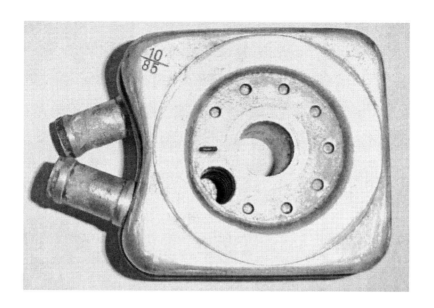

Dieser Wärmetauscher wird nun mit Hilfe einer Adapter-
hülse (selbst herstellen oder im Zubehör erstehen, kostet
ca. 10 Euro) zwischen Kraftstofffilter und Filterkopf ge-
schraubt und an den Wasserkreislauf der Innenraumheizung angeschlossen, z.B. mit dem vorgestellten Bypass-
system. Das heiße Kühlwasser heizt somit nicht nur den
Innenraum des Autos auf, sondern auch noch unser Pflanzenöl. Auf dem nächsten Bild ist die komplett montierte
Einheit aus Filterkopf, Wärmetauscher und Kraftstofffilter
zu sehen. Wichtig ist es auf guten Sitz der Dichtflächen zu
achten, damit keine Luft ins Kraftstoffsystem gelangen
kann. Wer auf Nummer Sicher gehen möchte, verwendet
beim Zusammenbau zusätzlich eine Motorendichtmasse.

Tipp: Ob der Wärmetauscher gut funktioniert und die gewünschte Kraftstofftemperatur erreicht wird, kann man vom Innenraum aus mit einer zusätzlichen Temperaturanzeige überwachen, die man in jedem KFZ Zubehörgeschäft kaufen kann. Dazu bedient man sich eines Kupferröhrchens, welches in die Kraftstoffleitung vor der Einspritzpumpe gesteckt wird. Dieses Röhrchen hat ein Loch und eine kleine Kupfermutter wurde darauf gelötet. In diese Mutter schraubt man nun den Temperaturfühler der Anzeige und schließt die Anzeige nach Anleitung elektrisch an. Es empfiehlt sich eine

Wassertemperaturanzeige mit einem Messbereich bis 120°C. So kann man nicht nur die Funktion des Wärmetauschers überprüfen, sondern auch bei einem Zweitanksystem den Umschaltzeitpunkt besser erkennen.
Gut für diesen Zweck sind auch digitale Außenthermometer, allerdings muss man darauf achten, dass der Messbereich groß genug ist. Der Messfühler wird einfach an den Ausgang des WT geklebt.

Kurzschluss des Kraftstoffrücklaufs

Bei der Betrachtung der Einspritzpumpe fällt auf, dass diese zwei Kraftstoffleitungen besitzt. Die eine Leitung ist der Vorlauf und die andere ist der Rücklauf zum Tank. Durch den Rücklauf gelangt der, durch die Förderpumpe und die Einspritzpumpe zu viel geförderte, Kraftstoff wieder zurück in den Tank. Es wäre aber Energieverschwendung, wenn wir den zuvor extra aufgeheizten Kraftstoff wieder in den kalten Tank leiten würden. Deshalb verbindet man diesen Rücklauf mit einem T-Stück und zwei kleinen Kugelhähnen wieder mit der Saugleitung. Durch diesen Kurzschluss kann sich aber das Kraftstoffsystem nicht mehr selbst entlüften. Muss also das System entlüftet werden, schalten wir die Hähne um, so dass die Rückleitung wieder mit dem Tank verbunden ist. Nach der Entlüftung wird dann wieder auf „Kurzschluss" geschaltet.
Somit wird nur so viel Kraftstoff gefördert (und auch aufgeheizt), wie benötigt wird. Damit erreicht man eine bessere Ausnutzung der Wärmetauscher-Leistung und auch mit Eigenbau-WT´s gute Temperaturen vor der Einspritzpumpe. Ein solcher praktischer Kugelhahn ist im nächsten Bild dargestellt.

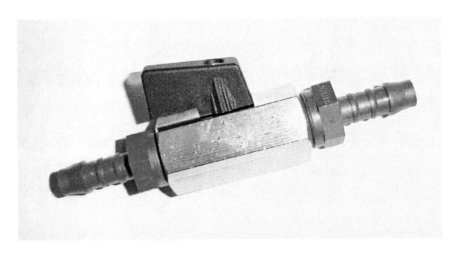

Isolation

Um Wärmeverluste nach dem Wärmetauscher so gering wie möglich zu halten, sollte man die Kraftstoffleitungen, den Wärmetauscher und den Kraftstofffilter und sogar die Axialkolben-Pume isolieren. Am besten eignen sich dazu Isoliermaterialen aus dem Heizungs- oder Klimabereich.

Von der Isolation einer Radialkolben-Pumpe sollte abgesehen werden. Diese Pumpen werden ohnehin durch den erwärmten Kraftstoff zusätzlich belastet, da sie normalerweise durch den, von der Förderpumpe überschüssig geförderten Kraftstoff, gekühlt werden. Durch Isolierung der Einspritzpumpe könnte es hier zu unzulässig hohen Temperaturen kommen.

Ein zweiter Tank

Ein Problem haben wir immer noch nicht gelöst, denn trotz elektrischer Vorwärmung, Standheizung und Wärmetauscher befindet sich beim Start kaltes Pflanzenöl in der Einspritzpumpe und den Einspritzleitungen. Man kann jetzt eine zweite Standheizung besorgen, ein Luftheizgerät und mit der Warmluft die Einspritzpumpe anpusten oder von der vorhandenen Standheizung einen Bypass legen und die Pumpe mit Warmwasserleitungen umspülen lassen oder auch mit Heizfolien beheizen.

Die eleganteste Lösung aber ist der Zweittank, denn mit einem Umschalthahn oder dem Einbau von Magnetventilen (Diese sind einfacher einzubauen, weil man sie nicht mit der Hand bedienen und deshalb im Innenraum einen geeigneten Einbauort finden muss) ist das Problem gelöst. Das nächste Bild zeigt einen solchen Umschalthahn, die Umschaltung des Rücklaufes wurde hier nicht angeschlossen, da dieser kurz geschlossen ist.

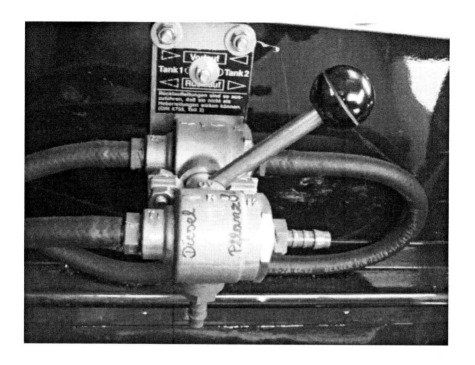

Aus einem Tank, welcher mit Diesel gefüllt ist, versorgen wir unser Fahrzeug und die Standheizung in der Warmlaufphase oder auf Kurzstrecken, also wie früher ohne Umbau. Ist der Motor auf Betriebstemperatur, schalten wir auf Pflanzenöl um und kurz bevor wir das Ziel erreicht haben, schalten wir wieder um auf Diesel. Damit werden die Einspritzpumpe und die Leitungen für den nächsten Kaltstart wieder mit Diesel gespült. So kann als weiterer Vorteil während langer Stillstandszeiten das Öl auch nicht in den Leitungen und besonders in den Einspritzdüsen verharzen. Ein weiterer Vorteil besteht darin, dass man bei extrem kalten Temperaturen mit Diesel fahren kann, während im Pflanzenöltank die „Versulzung" herrscht, sonst muss man sich auch noch Gedanken darüber machen, wie man den Tank beheizt.

Beim Umschalten von dem einen auf den anderen Tank ist aber unbedingt zu beachten, dass ein Dieselfahrzeug einen Rücklauf in den Tank besitzt (wenn nicht kurzgeschlossen). Das bedeutet, das man einen Umschalthahn oder ein Magnetventil braucht, dass nicht nur die Saugleitungen, sondern auch die Rücklaufleitungen schaltet, sonst läuft bei Dieselbetrieb Diesel in den Pflanzenöltank oder umgekehrt und irgendeiner von den Tanks läuft über kurz oder lang über.

Am geeignetsten sind Kugelhähne oder Magnetventile mit 3 Anschlüssen und einer sogenannten „L" Bohrung. Das bedeutet, dass der Ausgang immer geöffnet ist und jeweils, je nach Schaltstellung, einer der beiden Eingänge. So kann man mit 2 Magnetventilen oder Kugelhähnen dieser Art jeweils den Vorlauf und den Rücklauf schalten.

Zusatztanks werden in den verschiedensten Ausführungen von Zubehöranbietern vertrieben, sogar Tanks für die Reserveradhalterung sind erhältlich. Achten sollte man darauf, dass eine TÜV Bescheinigung mitgeliefert wird, welche die Druckprüfung belegt.

Der Zusatztank sollte als Pflanzenöltank verwendet werden, dann verstopfen die Dieselfilter nicht so schnell. Pflanzenöl hat nämlich die Eigenschaft, den Schmutz der sich über die Jahre im Tank angesammelt hat zu lösen.

In den nächsten 2 Bildern sieht man die Beispiel-Pläne von Eintank- oder Zweitanksystem. Beim Eintank System wird das Pflanzenöl durch die Kraftstoffpumpe zum Wärmetauscher geleitet und von ihm erwärmt, passiert den Kraftstofffilter und gelangt dann zur Einspritzpumpe. Sollte nun der Fall eintreten, dass während einer Fahrt der Kraftstofffilter verstopft ist, ist es günstig auch den oberen Zweig der Installation zu haben, um nicht unterwegs den Filter wechseln zu müssen. Er ist praktisch nur ein Notfallzweig, der nicht zwingend erforderlich ist. Es werden einfach die Kugelhähne so geschaltet, dass das Pflanzenöl über den oberen Kreislauf fließt (unten zu und oben auf) und der Glühkerzenheizer eingeschaltet. Zu Hause wird dann wieder der Hauptfilter gewechselt und die Hähne zurückgeschaltet.
Der Rücklauf von der Einspritzpumpe führt entweder wieder zurück in den Tank oder wird kurzgeschlossen wieder an Vorlauf angebracht, wodurch sich die Wärmeleistung des Wärmetauschers stark erhöht, da durch ihn nur noch das vom Motor tatsächlich verbrauchte Pflanzenöl geheizt werden muss.

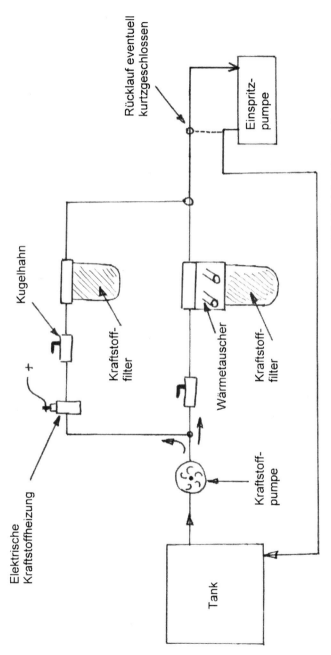

Rücklauf eventuell
kurtzgeschlossen

Einspritz-
pumpe

Kugelhahn

Kraftstoff-
filter

Elektrische
Kraftstoffheizung

+

Wärmetauscher

Kraftstoff-
filter

Kraftstoff-
pumpe

Tank

EINTANK-SYSTEMPLAN

71

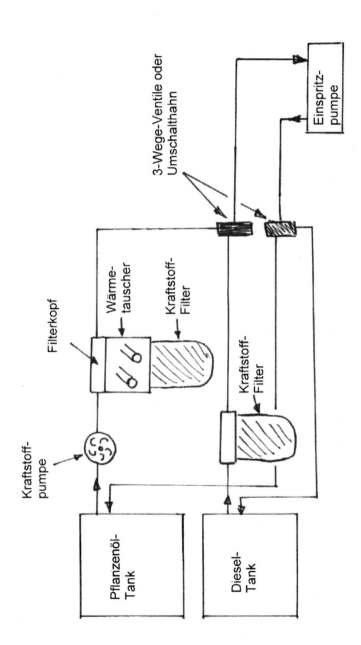

ZWEITANK-SYSTEMPLAN

Filterkopf

Wärme-tauscher

Kraftstoff-Filter

Kraftstoff-pumpe

Kraftstoff-Filter

3-Wege-Ventile oder Umschalthahn

Einspritz-pumpe

Pflanzenöl-Tank

Diesel-Tank

Beim Zeitanksystem haben wir den herkömmlichen Dieselkreislauf ,mit dem der Motor gestartet und wieder abgestellt wird. Dazu gesellt sich jetzt noch der Pflanzenölkreislauf mit Zusatzpumpe und Wärmetauscher. Zwischen diesen Kreisläufen wird entweder von Hand mittels eines Umschalthahnes geschaltet, oder bequem und modern mit 3-Wege-Ventilen mittels eines Schalters.

Nachglühfähige Glühkerzen

Glühkerzen werden in den meisten Fällen ohnehin vernachlässigt und bei einer Kontrolle bezüglich des Pflanzenöl-Umbaus steht meistens eine Neuanschaffung ins Haus.

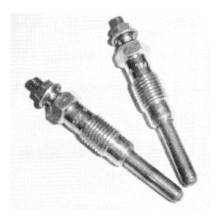

Dann sollte man, wie bereits erwähnt, nachglühfähige Glühkerzen einbauen! Diese Glühkerzen heizen nach dem Motorstart noch einige Zeit weiter und sorgen für einen besseren, motorschonenden Start, da sie in der Vorkammer die Temperatur erhöhen und die geforderten Krackreaktionen für den kurzen Zündverzug ermöglichen.

Diese Glühkerzen müssen aber unbedingt für das Fahrzeug zugelassen sein, denn die Glühkerzen haben unterschiedliche Längen und Werte. Werden unzulässige Glühkerzen verbaut kann dies zum Motorschaden führen.

Ist die Glühkerze beispielsweise zu lang, dann könnte sie an den Kolben gelangen und diesen und sich selbst schädigen, trifft der Einspritzstrahl zu hart auf eine nicht dafür vorgesehene Glühkerze, wird diese binnen kurzer Zeit zerstört (die Bosch Chromium Glühkerzen halten dies besser aus, da sie in der Ummantelung einen anderen Werkstoff besitzen), zerbröselt und schädigt den Motor, bei Wirbelkammermotoren kann eine falsche Glühkerze die exakt berechnete Luftströmung beeinträchtigen und die optimale Verbrennung verhindern.

Es ist unzulässig eine Schaltung einzubauen, die herkömmliche Glühkerzen nachglühen lässt, diese werden dadurch zerstört.

Vergrößerten Leitungsquerschnitt

Da das Pflanzenöl im Tank und der Förderpumpe ja noch nicht vorgewärmt ist, besitzt es eine hohe Viskosität, besonders, wenn man Alt-Pflanzenöl oder halbfestes verwendet. Da kann es sein, dass der Leitungsquerschnitt des Fahrzeugs nicht ausreicht und nicht genug Kraftstoff gefördert werden kann! Der Widerstand in den Leitungen ist zu hoch! Hier ist es sinnvoll, die Leitungen durch solche mit einem Innendurchmesser von 8-10mm auszutauschen. Dabei muss man natürlich beachten, dass die Anschlüsse am Tank, der Pumpe, am Filter und der Einspritzpumpe auf den vergrößerten Leitungsquerschnitt angepasst sein müssen, sonst bekommt man die Leitungen nicht dicht!

Vorförderpumpe

Auch mit einer Kraftstoffvorförderpumpe kann man die Menge des durch die Leitungen fließenden Kraftstoffs beeinflussen und die normale Kraftstoffpumpe und die Flügelzellenpumpe im Niederdruckteil der Einspritzpumpe entlasten. Diese bekommen zuweilen Probleme, wenn der Nachschub an Kraftstoff nicht ausreichend sichergestellt ist und es kommt zum Motorstottern. Auch, wie schon erwähnt, hängt die Lebensdauer bei einer Radialkolben-Einspritzpumpe entscheidend von der guten Versorgung mit Kraftstoff ab.

Man kann auch eine Vorförderpumpe einsetzen, um den Inhalt des Tankes aufzuheizen, indem man die Pumpe mit dem Wärmetauscher verbindet, der von der Standheizung aufgeheizt wird und die Rückleitung wieder in den Tank leitet. In diesem Fall sollte man in den Eigenbau-Wärmetauscher zwei Spiralen einbauen (oder zwei WT´s), so dass man zwei Heizkreisläufe erhält, einen zum Heizen des Tanks und einen zum Heizen des gerade benötigten Kraftstoffs.

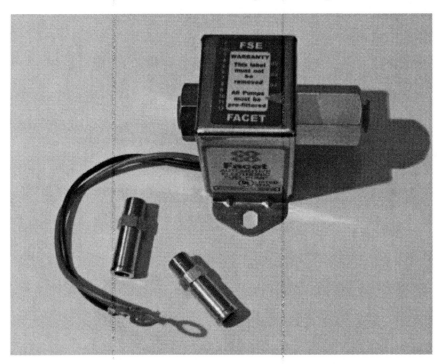

Schauglas

Kurz vor der Einspritzpumpe sollte man ein kleines Stück durchsichtigen Kunst-
stoffrohrs in den Kraftstoffschlauch setzen, um bei Problemen beobachten zu
können, ob sich Luftblasen im Leitungssystem befinden. Ein weiteres durchsich-
tiges Stück wird in den Kraftstoffrücklauf montiert, um auch hier zum Beispiel
eine luftziehende Einspritzpumpe detektieren zu können.

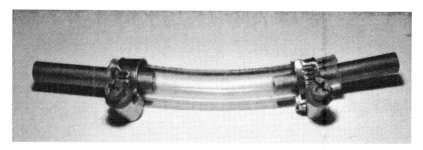

Unterdruckanzeige

Ein nützliches Zubehör ist eine Unterdruckanzeige (auch manchmal Soganzeige
genannt). Sie besteht aus einem Manometer im Anzeigebereich –1,5 bis + 1,5
bar und wird über einen Schlauch und einer Doppelhohlschraube an den Ein-
lass der Einspritzpumpe befestigt. Liegt im Fahrbetrieb nun ein hoher Unter-
druck an, deutet das auf mangelnde Kraftstoffversorgung der Einspritzpumpe
hin, sie muss zu stark ansaugen. Am Anfang der Umrüstungsmaßnahmen bedeutet dies die Notwendigkeit zur Vergrößerung des Querschnitts der Kraftstoffleitungen und eventuell zusätzlich die Installation einer Vorförderpumpe.
Später, nach der Umrüstung, kann man an dieser Anzeige wunderbar ablesen,
wann es Zeit für den Tausch des Kraftstofffilters ist, denn, wenn dieser verschmutzt ist, muss die Einspritzpumpe ebenfalls zu stark ansaugen. Damit kann
man verhindern, dass man einmal in einem ungünstigen Zeitpunkt den Filter
wechseln muss, beispielsweise nachts bei Regen auf der Autobahn.

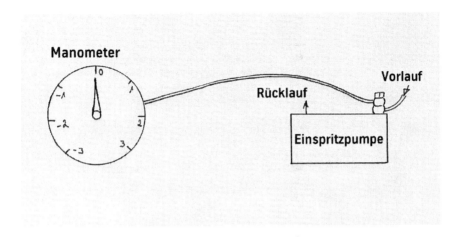

Einspritzdüsen

Für die optimale Umrüstung des Fahrzeugs auf den Pflanzenölbetrieb ist unter Umständen eine Optimierung oder der Austausch der Einspritzdüsen nötig. Ein ungenauer Einspritzstrahl einer verschlissenen Düse, zerstört Glühkerzen, Vorkammern und Kolben ! Weiterhin verursachen verschlissene Düsen ein schlechtes Startverhalten, unsaubere Verbrennung mit hohen Abgaswerten, unrunden Motorlauf, schlechte Leistung und hohen Kraftstoffverbrauch.

Hat das Fahrzeug vorher Motoröl verbraucht und nach der Umrüstung nicht mehr, dann liegt dies vermutlich am Pflanzenöleintrag ins Motoröl durch schlechte Zerstäubung des Kraftstoffs. Gleiches gilt bei steigendem Ölstand. Das Pflanzenöl kann dann nicht vollständig verbrennen, schlägt sich an den Zylinderwänden nieder und gelangt so in das Motoröl.

Grundsätzlich kann man sagen, dass Einspritzdüsen mit einer Laufleistung von 100.000 Kilometern oder mehr für den Pflanzenölbetrieb nicht mehr geeignet sind, auch wenn das Laufverhalten des Motors mit Dieselkraftstoff keine Auffälligkeiten zeigt!

Im nächsten Bild sind die vergrößerten Aufnahmen der oben dargestellten Einspritzdüsen im Bereich des Einspritzloches zu sehen. Die erste Abbildung ist von einer neuen Düse, die zweite von einer verschlissenen. Hier kann man sich schon vorstellen, dass bei der alten Düse das Spritzbild nicht mehr optimal sein wird.

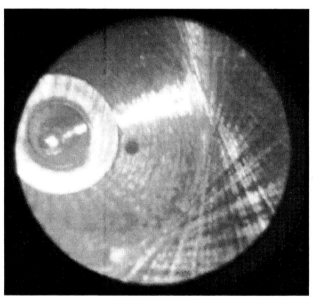

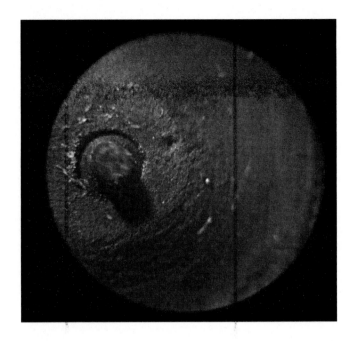

Bei Direkteinspritzern erreicht man oft erhebliche Verbesserungen mit der Erhöhung des Düsenöffnungsdruckes, denn durch Erhöhung dieses Wertes ist die relative Geschwindigkeit des Kraftstoffstrahls zur Umgebung höher und der Kraftstoff wird besser zerstäubt, auch bei Vor- und Wirbelkammermotoren sollte man über die Erhöhung dieses Wertes nachdenken. Eine 5-10%tige Erhöhung ist für den Anfang ein guter Richtwert. Wer sich die Arbeiten an den Einspritzdüsen nicht zutraut, kann sich die gewünschten Werte bei einer Bosch-Service Werkstatt einstellen lassen, vor allem deshalb, weil man Spezialteile für die Einstellung benötigt.

Gut geeignet um den Zustand der Einspritzdüsen zu testen sind so genannte „Einspritzdüsentester". Damit kann man nicht nur den Öffnungsdruck, sondern auch die Homogenität des Spritzbildes kontrollieren, wenn man dieses Prüfgerät mit Pflanzenöl oder dem Diesel/Pflanzenöl Gemisch füllt, mit dem das Fahrzeug in Zukunft betrieben werden soll.

Die Spritzbilder sind bei verschiedenen Düsen unterschiedlich, so dass man sich jeweils die Unterlagen zu den Düsen besorgen sollte. Am besten hält man den Strahl auf ein Löschpapier-Blatt, dass auf einem Holzbrett befestigt ist. Es ergibt sich ein Spritzbild, welches gleichmäßig aufgebaut sein sollte! Unregelmäßigkeiten oder vermehrte Tröpfchenbildung weisen auf defekte Düsen hin. Aber auch der in die Luft geschossene Nebel aus Kraftstoff kann gut beurteilt werden. Wichtig hierbei ist sauberes Arbeiten, denn die kleinsten Schmutzpartikel lösen im Einspritzsystem eine Katastrophe aus. Niemals den Strahl der Einspritzdüse auf Körperteile richten! Der Strahl wird mit so hohem Druck abgegeben, das er Körperteile wie ein Geschoß durchdringen kann!

Einspritzpumpe

Nach der Umrüstung auf Pflanzenölbetrieb kann man in seltenen Fällen starkes dunkles Abgas im Volllastbetrieb oder beim Beschleunigen feststellen. Ebenfalls kann manchmal unrunder Motorlauf und stark verminderte Leistung auftreten. In einem solchen Fall kann es helfen, die Einspritzpumpeneinstellung zu optimieren. Diese Arbeiten sind jedoch zum größten Teil vom Laien nicht durchführbar, deshalb sollte man diese Maßnahmen besser an das Ende der Umrüstung stellen. Erst wenn alle anderen Tätigkeiten erledigt sind und immer noch Optimierung nötig ist, kommt die Einspritzpumpe an die Reihe.

Bekannte von mir, die eine Radialkolbenpumpe besitzen, haben den Verteilerrotor von einem technisch geschickten Freund polieren lassen. Damit ist das Spiel dieses Rotors etwas erhöht, und man hat etwas mehr Sicherheit vor dem gefürchteten „Kolbenfresser". Wenn das Auto -und damit auch die Einspritzpumpe-schon viele Kilometer auf dem Buckel haben, ist das Laufspiel durch den normalen Verschleiß ohnehin schon erhöht. Bei Reiheneinspritzpumpen und Axialkolben-Pumpen ist diese Maßnahme nicht nötig. Ein ungeübter Schrauber sollte auf keinen Fall die Einspritzpumpe öffnen! Es ist schrecklich, wie viele Federn und Kleinteile einem da auf die Werkbank fallen und wenn man nicht ganz genau weiß, wo diese wieder hingehören.... im nächsten Bild sieht man den demontierten Pumpenkopf einer Axialkolben-Einspritzpumpe mit den Anschlüssen für die Einspritzleitungen und dem elektrischen Absteller (rechts) sowie den Verteilerkolben (links).

Durch die höhere Viskosität des Pflanzenöls ergibt sich eine geringere Druckfortpflanzungsgeschwindigkeit im Einspritzsystem als bei Dieselkraftstoff. Diese Geschwindigkeit und die Länge der Einspritzleitungen bestimmen die Zeitspanne zwischen Förderbeginn und Einspritzzeitpunkt. Durch die verringerte Druckfortpflanzungsgeschwindigkeit ergibt sich nun ein zu später Einspritzzeitpunkt und damit eine zu spät einsetzende Verbrennung. Zusätzlich dazu besitzt Pflanzenöl eine geringere Cetanzahl -Zündwilligkeit- wodurch sich der Beginn der Verbrennung noch ein wenig verzögert. Da dadurch der Verbrennungsvorgang mit in den Abgastrakt verschleppt wird, können dadurch der Zylinderkopf, die Ventile und ein vorhandener Katalysator beschädigt werden. Außerdem rußt der Motor stärker und entwickelt nicht seine volle Leistung. Diesem Umstand begegnet man durch die Verlegung des Förderbeginns auf „früh"! Normalerweise benötigt man für die korrekte Einstellung eine spezielle Messeinrichtung, wie im nächsten Bild dargestellt.

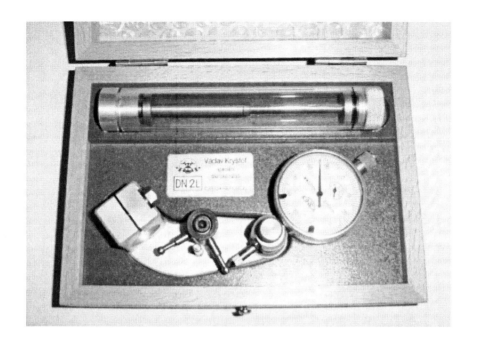

Da man diese Geräte allerdings selten braucht und der Anschaffungspreis recht hoch ist, leiht man sich entweder ein solches Gerät oder improvisiert etwas. Natürlich geht es nicht so genau, aber mit etwas Übung kann man dem rund laufenden, nicht nagelnden Motor anhören, das der Förderbeginn stimmt. Ein zu später Einspritzbeginn führt zu Leistungsverlust und Mehrverbrauch, der Motor läuft aber sehr ruhig, bei einem nagelnden Verbrennungsgeräusch ist der Einspritzbeginn zu früh. Zur Einstellung des Förderbeginns entfernt man den Zahnriemenschutz um an die Befestigungsschrauben der Einspritzpumpe zu gelangen. Manchmal gibt es dafür sogar eine eigene Wartungsklappe. Bei einigen Fahrzeugen ist es nun notwendig den Motor auf den oberen Totpunkt zu drehen, damit die Schrauben der Einspritzpumpe erreicht werden können, sonst steht das Zahnriemenrad im Weg. Dazu schiebt man einfach das Auto im 5ten Gang so lange, bis die OT-Markierung an der Kurbelwellenscheibe (unten) mit der am Motorblock und die Markierung an der Nockenwellenriemenscheibe (oben) ebenfalls mit der am Motorblock übereinstimmt. Es ist sehr wichtig die ursprüngliche Stellung der Einspritzpumpe zu markieren, dazu kann man einen Körner verwenden oder man macht sich Strichmarkierungen mit einem Edding. So kann man immer zum ursprünglichen Wert zurückdrehen. Nun werden zuerst die Überwurfmuttern der Einspritzleitungen an der Pumpe gelockert, damit diese sich bei dem späteren Verdrehen nicht verspannen. Dann löst man die Haltemuttern der Pumpe und dreht sie ein Stückchen (ca. 1mm) entgegen ihrer Laufrichtung. Dann werden alle Schrauben wieder mit dem richtigen Drehmoment angezogen und der Motorlauf untersucht. Im nächsten Bild sieht man die Befestigungsschrauben der Einspritzpumpe nach Öffnen der Wartungsklappe (wie gesagt, bei manchen Fahrzeugen muss die Zahnriemenabdeckung entfernt werden um an die Schrauben zu gelangen).

Es gibt andere Systeme, bei denen der Einspritzbeginn nicht durch Verdrehen der Pumpe eingestellt wird, sondern durch Verdrehen der Zahnriemenscheibe am Flansch der Pumpenwelle.

Bei wieder andern Pumpen, wie meiner Lucas DPS, ist es gar nicht nötig den Einspritzzeitpunkt zu verändern, denn das macht die Pumpe, bzw. der Spritzversteller durch den erhöhten Pumpeninnendruck bei Pflanzenölbetrieb automatisch.

Eine weitere Verbesserung kann man durch die Optimierung der Einspritzmenge erreichen, denn mehr eingespritzte Menge ergibt mehr Leistung. Allerdings muss für die saubere Verbrennung des Kraftstoffs auch genug Luft vorhanden sein, so kann man also nicht beliebig viel Kraftstoff einspritzen lassen. Ein besserer Luftfilter mit größerem Luftdurchsatz wirkt oft Wunder!

Die Einstellschraube der statischen Fördermenge findet man in der Nähe des elektronischen Abstellers (der genaue Ort ist allerdings von Pumpe zu Pumpe unterschiedlich). Dieser elektronische Absteller befindet sich oben auf dem Pumpenkopf (eine dicke messingfarbene Schraube) und besitzt einen elektrischen Anschluss. Die Schraube für die statische Fördermengeneinstellung ist meist mit einer Kralle oder Plombe gegen „unbeabsichtigtes" Verstellen geschützt. Diese Kralle wird entfernt, die Kontermutter gelöst und die Fördermenge in 45° Schritten verstellt. Reindrehen der Schraube bewirkt eine größere Fördermenge, herausdrehen bewirkt eine geringere Fördermenge. Danach wird die Kontermutter wieder angezogen und das Ergebnis überprüft. Das Auto darf nach der Veränderung nicht rußen, dann hat man schon zu viel eingespritzt und die Einstellung muss wieder rückgängig gemacht werden.

Im den nächsten Bildern ist die Schraube für die Einstellung der statischen Fördermenge bei einer älteren Bosch Verteilereinspritzpumpe und bei einer Lucas/CAV Pumpe mit einem Pfeil gekennzeichnet.

Fahrweise

Um Schäden an der Einspritzpumpe zu verhindern, muss man bei Pflanzenölbetrieb im Eintanksystem (auch bei Mischungen mit Diesel) das Fahrzeug vorsichtig warm fahren und Volllastbetrieb mit Drehzahlen über 2800 U/min unbedingt vermeiden. Wir erinnern uns, dass hohe Drehzahlen zu hohen Geschwindigkeiten des Verteilerkolbens und damit zu Erhöhung der Reibungswärme führen. Ein Dieselmotor ist ohnehin für geringere Drehzahlen gebaut und wer frühzeitig in den nächsten Gang schaltet, schont Einspritzpumpe und spart Kraftstoff.

Die Nichtbeachtung dieser Warmlaufphase und das Hochdrehen des noch kalten Motors ist der Hauptgrund für Einspritzpumpenschäden bei Pflanzenölbetrieb!

Langes laufen lassen des Motors im Standgas sollte allerdings auch vermieden werden, denn dadurch sinkt die Brennraumtemperatur, die Verbrennung wird unvollständig und es kommt zu Verkokungen und zum Eintrag von Pflanzenöl ins Motoröl. Damit meine ich nicht den Ampelstillstand, sondern beispielsweise warm laufen lassen im Winter, das ist nicht nur verboten, es bringt auch nichts! Da der Motor nur im Standgas tuckert, ihm aber keine Leistung abverlangt wird, bleibt der Motor viel länger kalt!

Erwärmung der Ansaugluft

Der Dieselmotor benötigt einen kurzen Zündverzug für eine weiche Verbrennung, dass aber optimale Temperaturen im Brennraum voraussetzt. Ein Dieselmotor arbeitet mit Luftüberschuss, d.h. die bei der Verbrennung benutzte Luftmenge ist gleich, während die vom Motor geforderte Leistung über die eingespritzte Kraftstoffmenge geregelt wird (Ausnahme hierbei sind aufgeladene Motoren: hier wird auch die Luftmenge je nach Drehzahl erhöht und im Verhältnis dazu der Kraftstoff eingespritzt). Dies hat zur Folge, dass besonders bei extrem kalten Außentemperaturen im Teillastbereich der Luftüberschuss sehr groß ist und die Brennraumtemperatur abgekühlt wird. Um das zu verhindern, habe ich einen Aluflexschlauch am Ansaugstutzen befestigt und an den Auspuffkrümmer geführt. Er wird mit einer Klappe betätigt (vom Schrottplatz besorgt) so dass beim Kaltstart vorgewärmte Luft angesaugt wird. Nach dem Kaltstart wird wieder normale Außenluft angesaugt, sonst kommt wegen der Luftausdehnung zu wenig Sauerstoff in den Brennraum.

84

Info: Fahrzeuge mit Turboladern sind manchmal mit einem Ladeluft-kühler ausgerüstet. Dieser kühlt die vom Turbolader komprimierte und dadurch heiße Luft ab, damit aus dem oben genannten Grund mehr Volumenanteile Sauerstoff in den Brennraum gelangen. Dieser Ladeluftkühler kann bestehen bleiben, denn die den Verbrennungsraum erreichende Lufttemperatur ist trotzdem höher als zum Beispiel im Winter angesaugte Außenluft.

Info :Dem Katalysator könnte der Pflanzenölbetrieb nur schaden, wenn die Verbrennung zu schlecht ist und zu viel unverbrannter Kraftstoff in den Auspufftrakt kommt. Auch aus diesem Grund sollte die Verbrennung optimal unterstützt sein. Weiterhin enthält Pflanzenöl, je nach Qualität, geringe Mengen Phosphor, das wie Schwefel auch (dieser ist aber in Pflanzenöl nicht enthalten) ein Katalysatorgift ist. Der Schaden durch Phosphor ist unbedeutend und macht sich, wie bei Schwefel, wenn überhaupt erst nach mehreren hunderttausend Kilometern bemerkbar.

Ein Katalysator setzt die Volumenmasse schädlicher Bestandteile wie zum Beispiel CO herab, verkleinert aber auch die Rußpartikel so stark, dass sie lungengängiger werden und damit als krebserregend gelten. Bei diesem Problem bleibt abzuwarten, ob die Hersteller erschwingliche Rußpartikel – Filter anbieten werden, die man auch in älteren Dieselmotoren nachrüsten kann. Der Katalysator verringert den Pommes-Geruch beim Pflanzenölbetrieb etwas, es gibt aber Nachrüstkatalysatoren, extra für Pflanzenöl, die diesen Geruch gänzlich beseitigen sollen. Ich weiß nicht, warum ich diesen Geruch beseitigen sollte, ich hab zwar immer Hunger, wenn ich mein Auto rieche, aber ich finde den Geruch bedeutend angenehmer als Dieselabgase. Es scheint jedoch Menschen zu geben, die das anders sehen und auf die Pflanzenölabgase empfindlich reagieren.

Motoröl-Feinstfilterung Kraftstoff-Feinstfilterung

Durch den Eintrag von Pflanzenöl in das Motoröl, wie es zum Beispiel in der Kaltstartphase mit Eintanksystem ohne ausreichende Motorvorwärmung kommt, kann es zu Verklumpungen im Motoröl kommen, welche wichtige Ölbohrungen verstopfen können. Aus diesem Grund und wegen des sparsamen Umgangs mit Mineralöl, bieten einige Firmen sogenannte Feinst-Filteranlagen an, die das Motoröl viel feiner filtern, als es der herkömmliche Ölfilter tut. Ähnliche Filter können auch zum Einsatz als Kraftstofffilter kommen und das Pflanzenöl von unerwünschten Partikeln befreien. Diese Filter sind eine teure Investition, ich wechsele daher lieber öfter meine herkömmlichen Filter und das Motoröl aus. Hierbei verwende ich ausschließlich das billigste Baumarktöl, welches die geforderten Spezifikationen meines Autos erfüllt. Die Motoröl - Wechselintervalle habe ich dafür um die Hälfte verkürzt.

Probleme, die auftreten können

Luft im Kraftstoffsystem

Dies kann mehrere Ursachen haben. Entweder es befindet sich ein Leck in den Leitungen oder den Verbindungen oder der Sog in den Leitungen ist zu groß. Alle Verbindungen festziehen, Sitz der Schlauchschellen überprüfen und poröse Kraftstoffschläuche ersetzen. Verbessert sich der Zustand nicht, wird der Lufteintritt durch die Viskosität des Pflanzenöls verursacht, die Pumpen ziehen durch jede kleinste Ritze in den Dichtungen Luft an. Abhilfe schafft der Austausch der Leitungen gegen solche mit einem größeren Querschnitt und der Einbau einer Vorförderpumpe.

Info : Bei Schlauchschellen sollte man auf so genannte Einohrschellen zurückgreifen. Diese werden nach der Montage an ihrem Ohr mit einer Zange zusammengekniffen und ziehen sich wunderbar rund um den Schlauch fest. Die herkömmlichen Schellen ziehen sich nicht gleichmäßig rund und können so für Luftlecks sorgen ! Die nächste Abbildung zeigt links die Einohrschelle, rechts eine herkömmliche Schraubschelle

Zieht man nun die Schellen an, erkennt man deutlich die Unregelmäßigkeit der herkömmlichen Schraubschelle. Nachteil der Einohrschellen ist allerdings die schlechte Demontierbarkeit.

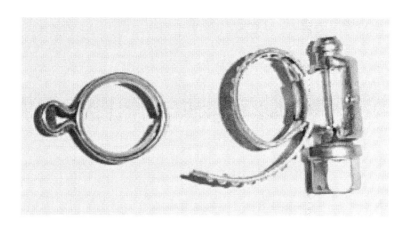

Tank kann nicht leergefahren werden

Wenn man den Tank nicht mehr leer fahren kann und der Motor infolge Kraftstoffmangel verstirbt, obwohl sich noch genügend Kraftstoff im Tank befindet, sollte man Tanksieb und Filter kontrollieren und eine Vorförderpumpe installieren. Jetzt zeigt auch das „Schaufenster" in den Leitungen seinen wahren Nutzen, denn damit erkennt man sofort, ob überhaupt Kraftstoff gefördert wird.

Versulzung

Der Begriff ist eigentlich nicht korrekt für Pflanzenöl, denn er beschreibt den Vorgang der Ausscheidung von Parafinkristallen bei Dieselkraftstoff aufgrund niedriger Temperaturen. Pflanzenöl enthält keine Parafine, aber es wird bei tiefen Temperaturen ähnlich milchig und schließlich fest und kann nicht mehr gefördert werden. Abhilfe schafft Auftauen mittels Standheizung und Heißluftfön oder auf warmes Wetter warten! Viel Glück! Anschließend ist eine technische Veränderungen vorzunehmen, damit das Problem nicht mehr auftritt, entweder sollte man über einen Zweittank nachdenken, um bei tiefen Temperaturen mit Dieselkraftstoff zu fahren oder Zusatzheizungen für Motor und Tank einbauen. Im Winter ist es ratsam einen höheren Dieselanteil zum Pflanzenöl zu tanken, damit bleibt das Pflanzenöl länger flüssig! Es ist gut zu wissen, dass dieser Vorgang reversibel ist, das heißt, dass festes Pflanzenöl durch Erwärmen wieder vollständig flüssig wird. Das Bild zeigt links eine Ölflasche, die ich eine Stunde ins Gefrierfach gelegt habe und rechts die in der Sonne wieder aufgetaute Flasche.

Verkokungen

Bei unzureichender Vorwärmung des Pflanzenöls, wird der Kraftstoff nicht optimal zerstäubt und verbrennt infolgedessen unvollständig. Dies kann zu massiven Verkokungen (Ablagerungen) an der Düsenöffnung, den Kolbenringen und Ventilen führen. Die Folge: schlecht zerstäubende, tröpfelnde Düsen, in Folge dessen eine immer schlechtere Verbrennung und dadurch Pflanzenöleintrag ins Motoröl (damit eventuelle Schmierungsprobleme) und ein schleichender Kolbenschaden. Verkokungen an den Kolbenringen verursachen - bei massivem Auftreten - ein Verkleben der Kolbenringe in ihren Nuten, welches Kompressionsverlust zur Folge hat. Im nächsten Bild sieht man deutlich die massiven Verkokungen am Kolben :

Ablagerungen an den Ventilen beeinflussen die Motorleistung durch Verschlechterung der Qualität der Zylinderfüllung. Sollten Verkokungen an Kolbenringen festgestellt worden sein, ist es manchmal möglich, durch Einspritzen von Biodiesel RME (in diesem Fall nicht Pflanzenöl!) mit einer Spritze durch die Öffnung der ausgeschraubten Glühkerze (5ml pro Zylinder), die Kolbenringe in Biodiesel einzuweichen und die Verkokungen zu lösen (Achtung! Motor mit eingeweichten Kolben mindestens 24 Stunden stehen lassen. Erst dann den Motor mit dem Anlasser ohne Glühkerzen in paar mal durchdrehen, dann Glühkerzen einbauen und einen Startversuch unternehmen. Sofortiges Starten nach Einspritzung dieser Menge Kraftstoff kann zum kapitalen Motorschaden führen!). Wenn diese Versuche misslingen, hilft nur noch die Demontage und der Austausch der defekten Teile. Es empfiehlt sich, dem Kraftstoff in regelmäßigen Abständen ein Additiv zuzugeben, dass Düsen und Ventile reinigt. Erhältlich sind solche Additive im Auto-Zubehör. Ich habe gute Erfahrungen damit gemacht und mit Verkokungen keine Probleme. Dem Dieselkraftstoff werden diese reinigenden Substanzen „von Hause aus" zugesetzt, dem Pflanzenöl fehlen sie.

Verkokte Einspritzdüsen kann man hervorragend reinigen, indem man den Düsenkopf mit Waffenöl (Ballistol) einsprüht und über Nacht einwirken lässt. Dann mit -in Waffenöl getränktem- Toilettenpapier sauber wischen. Auf keinen Fall eine Drahtbürste oder Schleifpapier verwenden: dies würde die Düse zerstören

Ausgebaute Teile reinigt man ebenfalls am besten mit Hilfe von Waffenöl Ballistol, Biodiesel oder Bremsflüssigkeit (Vorsicht : Handschuhe benutzen) von Verkokungen.
Einen Tag einweichen lassen, dann blättert die Verkrustung meist einfach so ab. Im nächsten Bild sieht man Ablagerungen an einem Auslassventil.

Kraftstofffilter

Der Pflanzenölfahrer sollte immer einen Kraftstofffilter ersatzweise mitführen. Wie schon erwähnt, kann es - besonders in der ersten Zeit - zur Ablösung von Verschmutzungen im Tank und den Leitungen kommen. Diese setzen den Filter innerhalb kürzester Zeit zu. Es empfiehlt sich, einen Blick auf den verstopften Filter zu werfen. Was hat den Filter denn jetzt wirklich zugesetzt? Sind es tatsächlich Ablagerungen des Tankes und der Leitungen oder hat das Pflanzenöl eine schlechte Qualität und enthält zu viele Schwebstoffe. Ein Freund mit einem Mikroskop ist da sehr hilfreich, ein Blick durch die Linse lässt Schmutz und Rost ganz leicht von organischen Fasern oder Samenhüllen unterscheiden. Ein weiteres Indiz für schlechte Kraftstoffqualität: permanent verstopfte Filter! Klar, irgendwann muss der Dreck ja mal draußen sein! Bei mir war dies nach 2 ausgetauschten Filtern der Fall, seitdem halten meine Filter ca. 10 000 bis 15 000 Kilometer. Ist der Filter durch Fasern verstopft worden, dann sollte man den Lieferanten für seinen Kraftstoff wechseln.

Fühlt der Filter sich schleimig an, kann es sein, dass in dem Tank Bakterien oder Pilze wachsen, die das Pflanzenöl zersetzen. Besonders bei Alt-Pflanzenöl kann dies vorkommen. Abhilfe schafft eine Tankfüllung Diesel zu tanken, das ist so giftig für Bakterien und Pilze, das diese dadurch abgetötet werden und man wieder eine Zeit lang Ruhe hat. Bei mir ist dieser Pflanzenölklau aber erst einmal aufgetreten.

Tritt die Verschleimung des Filters weiterhin auf, liegt dies ebenfalls an dem Pflanzenöl, welches in diesem Fall womöglich zu viel Schleimstoffe enthält. Auch hier sollte man dann die „Marke" wechseln.

Tanksieb

Manche Fahrzeuge besitzen zusätzlich zum Kraftstofffilter ein Sieb im Tank, welches schon mal den größten Dreck (z.B. Rostpartikel) abhält und für eine längere Lebensdauer des Kraftstofffilters und der Förderpumpe sorgt. Ebenfalls verhindert das Sieb verstopfte Leitungen durch zu große „Brocken". Wie schon erwähnt, kann es durch die Eigenschaften des Pflanzenöls dazu kommen, dass Verschmutzungen im Tank gelöst werden, das Sieb sich zusetzt und stärker werdende Leistungseinbußen oder das völlige Versterben des Motors festzustellen ist. Diese Symptome ähneln denen eines verstopften Kraftstofffilters. Dieses Sieb erfordert besonders in der Anfangsphase größere Beachtung.

Leistungsverlust mit starkem Rußverhalten

Bemerkt man an einem Fahrzeug mit AGR (Abgasrückführung) einen Leistungsverlust oder widerwillige Gasannahme nach Schiebebetrieb (also wenn man vom Gas geht und das Auto rollen lässt) und rußt es beim „Gas geben" stark, so kann der Grund in der verschmutzten Ventilklappe der AGR liegen. Diese schließt dann nicht mehr richtig, wodurch die Frischluftmenge im Zylinder nicht mehr stimmt. AGR prüfen und eventuell reinigen, Dieselsystemreiniger verwenden.

Man liest immer wieder von einigen Leuten, welche die AGR stilllegen, um eine höhere Leistungsausbeute des Motors zu erreichen. Erstens ist dieser Vorgang verboten, da durch die Verschlechterung der Abgaswerte eine Einstufung in eine schlechtere Schadstoffklasse erfolgen müsste. Der Straftatbestand der Steuerhinterziehung wird hier erfüllt! Anderseits ist dies technisch und ökologisch bedenklich. Die AGR hat nämlich 2 Funktionen. Ein Dieselmotor arbeitet immer mit gleicher Luftmenge und die abverlangte Leistung wird nur von der eingespritzten Kraftstoffmenge beeinflusst (klar, einzige Ausnahme der aufgeladene Motor). Im Teillastbetrieb ist somit viel zu viel Frischluft im Zylinder und die

Brennraum-Temperatur wird gesenkt. Das ist aber bei einem Dieselmotor nicht verbrennungsfördernd, besonders dann nicht, wenn er mit Pflanzenöl betrieben wird. Durch die AGR wird in diesem Betriebszustand der Frischluftüberschuss durch Abgas ersetzt und hält somit die Brennraumtemperatur in ihrem Optimum. Weiterhin fängt aber auch die AGR durch Zumischung vom Abgas Temperaturspitzen im Verbrennungsprozess ab, so dass die Bildung von NOX vermindert wird. Weiterhin bleibt der Zünddruck niedrig, da das Verdichtungs-Verhältnis für Vollastbetrieb ausgelegt ist. Der Motor kann somit in leichterer Bauweise hergestellt werden, die Materialbelastung ist geringer.

Eine Stillegung der Abgasrückführung führt also zum Erlöschen der Betriebserlaubnis, zu schlechteren Abgaswerten und belastet den Motor mechanisch.

Die AGR hat allerdings den Nachteil, dass sie durch die Rückführung des Abgases in den Ansaugtrakt für eine Verschmutzung der Einlassventile und ggf. des Ladeluftkühlers führt. In der Folge dieses Umstandes verliert das Fahrzeug somit etwas an Leistung. Diese Bauteile brauchen Pflege und sollten mit Additiven vor Verschmutzung bewahrt werden.

Welche Schäden können auftreten?

Zu Beginn dieses Kapitels ein kleiner Erfahrungsbericht, denn bei meinem KFZ wurde nach 200.000 Kilometern, davon 30.000 mit Pflanzenöl / Diesel Gemisch eine neue Zylinderkopfdichtung fällig. Dies war eine gute Gelegenheit, den Motor von innen zu sehen und ich war gespannt, ob man Verschleiß / Schäden oder Ablagerungen erkennen konnte, welche eindeutig auf den Pflanzenölbetrieb zurückzuführen wären. Der abgehobene Zylinderkopf brachte einen Kolbenschaden zu Tage, eine tröpfelnde Einspritzdüse hatte am Kolben des ersten Zylinders für seitliche Materialausbrüche gesorgt. Kein eindeutiger Pflanzenölschaden, doch durchaus wahrscheinlich. Die Vorkammern waren ihrem Alter entsprechend rissig und wurden ausgetauscht. Die Kolben zeigten keine besonderen Ablagerungen, allerdings hatten die Ventile einen Belag von gut 1mm Ölkohle am Schaft. Eindeutig zu viel, hier ist eine Optimierung der Verbrennung nötig. Zylinder waren noch im Maß, allerdings die Honung schon ein wenig verschlissen, Kolbenringe in Ordnung. Die Kolben wurden ebenfalls demontiert, wegen des defekten ersten (der getauscht wurde). Dabei wurden alle Lagerschalen der Kolben und die der Kurbelwelle erneuert. Alle Lager waren an der Verschleißgrenze, keines durch eine verstopfte Ölbohrung aber ungewöhnlich stark und somit normaler Verschleiß, nicht auf das Pflanzenöl zurückzuführen.

Grundsätzlich liegen über das Betreiben eines Dieselmotors mit Pflanzenöl sehr wenige Langzeitstudien vor. In den Fällen kapitaler Motorschäden ist es selten möglich die genaue Ursache zu ermitteln, somit können die Schäden nicht eindeutig auf den alternativen Kraftstoff zurückgeführt werden. Wer sein Fahrzeug mit Pflanzenöl betreibt geht definitiv ein Risiko ein und sollte bereit sein es zu tragen, dafür ist man schließlich Pionier.

Was die Glühkerzen erzählen

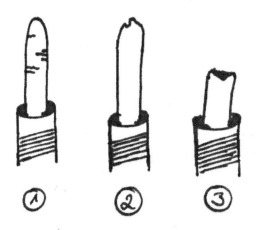

Bild 1

Ist die Glühkerze faltig und besitzt Dellen, deutet dies auf eine defekte Vorglüheinrichtung hin. Dieser Schaden entsteht auch durch Nachglühen von nicht dafür zugelassenen Glühkerzen.

Bild 2

Ist der Kopf der Glühkerze zerstört, ist möglicherweise der Einspritzbeginn zu früh eingestellt oder die Glühkerze zu fest eingeschraubt.

Bild 3

Ist die Glühkerze abgeschmolzen oder abgebrochen, ist der Einspritzzeitpunkt zu früh eingestellt. Weiterhin können die Einspritzdüsen verkokt oder verschlissen sein.

Kolbenschaden

Liegt eine defekte oder falsch eingestellte Einspritzdüse vor, ist es möglich, dass der Kraftstoff nicht vorschriftsmäßig zerstäubt wird und aus der Düse tropft. Gelangen diese Kraftstofftropfen über einen längeren Zeitraum auf den Kolben, führt dies zu einer extremen thermischen Belastung der Kolbenstelle. Dies hat Materialermüdung und die Zerstörung des Kolbens zur Folge.

Die Einspritzpumpe

Die Einspritzpumpen sind für absolut sauberen und dünnflüssigen Dieselkraftstoff ausgelegt. Werden diese mit unreinem Kraftstoff oder zu dickflüssigem Pflanzenöl betrieben, steigt die Materialbelastung erheblich und es kann zum Totalschaden der Einspritzpumpe kommen. Im Kraftstoff befindliche Partikel führen zu starkem Verschleiß im Hochdruckteil der Pumpe und wirken wie ein Sandstrahlgebläse an den Einspritzdüsen.

Deshalb immer reinen Kraftstoff / frisches Pflanzenöl / gefiltertes gebrauchtes Pflanzenöl verwenden und im Fahrzeug einen Kraftstofffilter verwenden, so wie es auch serienmäßig vorgesehen ist.
Weiterhin sollte die Viskosität des Öls mit geeigneten Maßnahmen, also wie schon beschrieben, mit Vorheizen und/oder Mischen mit Dieselkraftstoff herabgesetzt werden.
In der Warmlaufphase mit niedrigsten Drehzahlen fahren und den Motor auf keinen Fall hochdrehen.

Was passieren kann, wenn man mit ungefiltertem gebrauchtem Pflanzenöl fährt, kann man schön im nächsten Bild erkennen. Nach einem Einspritzpumpenschaden eines Kollegen haben wir die defekte Pumpe zerlegt und den Schaden begutachtet. Rechts sieht man einen Pumpenkopf mit massiven Ablagerungen, in der mittleren Bohrung steckt der abgebrochene Rest des Verteilerkolbens, links zum Vergleich der intakte Kopf.

Polymerisation und Schmierprobleme

Der Begriff der Polymerisation fällt immer wieder, wenn es um das Fahren mit Pflanzenöl geht. Genau genommen ist nicht einmal klar, ob es sich bei den beobachteten Phänomenen wirklich um Polymerisation handelt, oder um eine andere chemische Reaktion.

Besonders in den Kaltstartphasen wird der Kraftstoff nur unvollständig verbrannt (erkennt man auch am Blau- oder Weißrauch beim Kaltstart). Dieser unverbrannte Kraftstoff gelangt auch in das Motoröl. Im Zusammenhang mit den Nachteilen eines Direkteinspritzers habe ich schon erwähnt, dass es hier bauartbedingt zu schlechter Verbrennung und damit zu Pflanzenöleintrag ins Motoröl kommen kann.

Nun passiert es manchmal, dass das Motoröl Klumpen bildet oder sogar vollständig eindickt, die Schmierung des Motors setzt aus und es kommt zum Totalausfall.

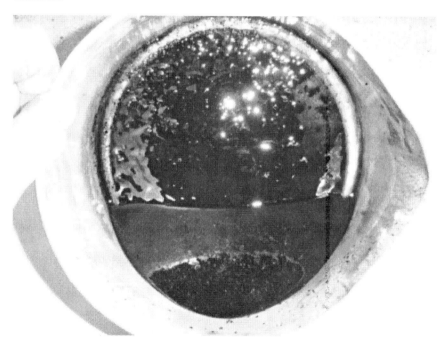

95

Aber, und das ist das kuriose, es passiert sehr selten und nicht unbedingt gerade bei den Fahrzeugen, bei denen man es -wegen mangelnder Umrüstungeigentlich voraussagen möchte. Immer wieder werden Gerüchte laut, es läge am Kupfer, an der Sorte des Motoröls oder freier Fettsäuren im Pflanzenöl. Um diesem Vorgang auf die Spur zu kommen, habe ich einige Versuche zu diesem Thema gemacht.

Der Einfluß von Metallen

Da immer wieder die Frage aufkommt, welchen Einfluß Metalle auf Pflanzenöl haben, habe ich - angeregt von einer Doktorarbeit, die ich kürzlich las - dazu einen Test gemacht und jeweils etwas Metall (verwendet habe ich Metalle die im Dieselmotor Verwendung finden) zusammen mit Rapsöl in einem Reagenzglas erhitzt. Natürlich ist die jeweils wirksame Oberfläche der Metalle nicht gleich groß, doch zeigt das Ergebnis - die Verfärbung des Pflanzenöls - sehr deutlich, dass Kupfer auf Pflanzenöl den größten Einfluss besitzt. Da aber ohnehin im Kraftstoffsystem Kupfer verbaut ist, zum Beispiel als Dichtungen, sehe ich in der Verwendung von Kupferteilen keine Probleme, zumal auch die Folgen dieses katalytischen Einflusses nicht bekannt sind. Möglicherweise wird das Pflanzenöl nur geringfügig gealtert.

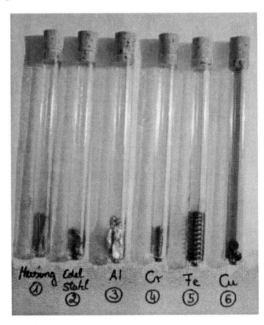

Säuren und Basen

Bei dem chemischen Vorgang der anionischen und kationischen Polymerisation werden die Moleküle des Öls aufgespalten und in einer Kettenreaktion aneinander gelagert, wobei Makromoleküle entstehen, deren Viskosität extrem höher ist, als die des Motoröls . Es gibt radikalische oder anionische/kationische Polymerisationsreaktionen. In der Chemie findet diese Reaktion Anwendung zum Beispiel in der Kunststoffherstellung.

Um grundsätzlich einmal dem Geheimnis der Polymerisation auf die Spur zu kommen, habe ich bei meinen ersten Versuchen die Polymerisation bewußt durch Zugabe von NAOH oder H2SO4 und Erhitzen begünstigt und so gezielt ausgelöst (natürlich nicht im Motor sondern auf der Werkbank).

Diese Polymerisation wurde mit der Zugabe von H2SO4 bei ca. 120°C ausgelöst (Mineralöl 15W40 und Rapsöl aus der Flasche). Säuren entstehen z.b. bei der Verbrennung schwefelhaltigem Kraftstoff im Zweitankbetrieb oder bei dem Verfahren von Diesel-Pflanzenöl Mischungen. Weiterhin können aber auch ungesättigte Fettsäuren aus dem Pflanzenöl diese Polymerisation auslösen (Kationische Polymerisation) Kennzeichen: Starke Alterung des Öls, Klumpenbildung und starke Eindickung! Die Klümpchen sind mitunter sehr fest, können im Motor Ölbohrungen verstopfen und Lagerschäden verursachen!

Anionische Polymerisation wurde mit der Zugabe von NAOH bei ca. 200°C ausgelöst (synthetisches Motoröl und Rapsöl aus der Flasche). Motoröle besitzen basisch wirkende Zusätze, um die bei der Verbrennung von schwefelhaltigem Kraftstoff (unter Einwirkung von Kondenzwasser) entstehende "schweflige Säure" zu binden. Diese Zusätze könnten bei einem Eintrag von Pflanzenöl ins Motoröl unter hohen Temperaturen zur Polymerisation führen! Ein Indiz ist hier die Eindickung des Motoröls zu Gelee sowie strenger Geruch! Das Gelee ist nicht mehr pumpbar und führt zum Totalausfall des Motors durch Mangelschmierung!

Natürlich ist dies kein abschließendes Ergebnis für meine Untersuchungen, denn zuerst muss ich die Polymerisation unter "Motorbedingungen" rekonstruieren können.

Um herauszufinden, ob es sich bei dem Problem um eine anionische oder kationische Polymerisation handelt, habe ich verschiedene Pflanzenöl / Möl (dabei auch gebrauchtes Motoröl) Gemische hergestellt und diese Gemische in einer Friteuse auf 190°C erhitzt.
Das Mischungsverhältniss betrug 50 : 50.
Die Dauer der Erhitzung: 20 Tage lang, jeweils 12 Stunden am Tag (mit Zeitschaltuhr geschaltet, jeweils eine Stunde erhitzen, eine Stunde abkühlen im Wechsel)

Selbst nach 150 Stunden Erhitzen waren sämtliche Proben prima flüssig, bei allen möglichen Pflanzenöl : Motoröl Mischungen auch verschiedener Sorten...

keine Spur der Polymerisation, auch nicht ansatzweise, als dass sich eine Vikositätsmessung vorher / nachher gelohnt hätte ... klar, werden vielleicht einige sagen, der hat so wenige Proben untersucht, dass die richtige Mischung nicht dabei war. Ich denke allerdings, dass meine Auswahl der Proben durchaus repräsentativ war (gezielte Auswahl kritischer Kombinationen), wenn man von dem Vorliegen der anionischen oder kationischen Polymerisation ausgeht! Doch die scheint es offensichtlich nicht zu sein!

Eine chemische Untersuchung von Ablagerungen an einem Kolben und dem angeblich polymerisierten Öl zeigte zusätzlich, dass die eingangs aufgestellte Vermutung, es handele sich um eine reine Polymerisation, so wohl nicht zu halten ist. Es handelt sich sehr viel mehr um eine Oxidationsreaktion und um Polymerisation. Weitere Versuche hierzu stützten sich auf die Vermutung, dass eingetragenes Pflanzenöl im Ölkreislauf immer wieder mit Sauerstoff in Verbindung kommt und so bei hohen Temperaturen teiloxidiert, gemeinhin ist dieser Vorgang auch als Verharzen bekannt. Dieser Vorgang findet besonders bei schlechter Verbrennung in der Nähe der Kolbenringe statt und kann zu deren Verkleben führen!

Weiterhin kann Sauerstoff radikalisch die Polymerisation auslösen. Sauerstoff kommt im Motorbetrieb immer wieder neu dazu und kann die Polymerisation auslösen.

Bei den Versuchen hierzu wurden verschiedene Pflanzenöl / Motoröl-Gemische und Verhältnisse bei unterschiedlichen Temperaturen mit Sauerstoff durchsprudelt, jeweils 2 Minuten lang und dann wieder abgekühlt. Anschließend wurden die Proben auf offensichtliche Verfestigung subjektiv begutachtet (für eine Viskositätsmessung reichen meine Mengen nicht).

Als Gegenprobe wurde jeweils reines Motoröl verschiedener Sorten / Viskositäten in der gleichen Art behandelt sowie reines Pflanzenöl.

Ergebnis :

Die reinen Motoröle alterten (farblicher Umschlag), blieben aber flüssig, ebenfalls das biologische auf Rapsölbasis. Die Gemische der Motoröle mit Pflanzenöl verfestigten sich zunehmend bei höherer Pflanzenölkonzentration und höherer Temperatur. Keines der Gemische verfestigte sich unterhalb 10% Pflanzenöleintrag sowie unterhalb der Temperatur von 150°C.

Die Motorölsorte zeigte bei den Versuchen erstaunlicher Weise kaum Einfluß. Signifikante Unterschiede zwischen Mineralöl und Synthetik konnte ich nicht feststellen, selbst billigstes Baumarktöl zeigte in dieser Hinsicht gleiches Verhalten. Das biologische Motoröl hatte eine etwas längere Standzeit, allerdings nicht signifikant.

Fazit

Schenkt man diesen Ergebnissen Glauben, so könnten die Maßnahmen für das Verwenden von Pflanzenöl besonders im Direkteinspritzer folgendermaßen aussehen, natürlich ohne Gewähr:

-den Pflanzenöleintrag mit geeigneten Maßnahmen (optimale Düsen / Zweitank System, Vorwärmung) auf ein Minimum reduzieren
-günstiges Motoröl verwenden, aber häufiger wechseln
-Ölkühler verwenden, um hohe thermische Belastungen des Motoröls zu reduzieren
-Langandauernde Volllastfahrten bei älterem Motoröl unterlassen

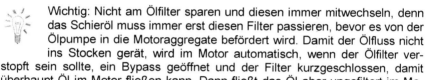 Wichtig: Nicht am Ölfilter sparen und diesen immer mitwechseln, denn das Schieröl muss immer erst diesen Filter passieren, bevor es von der Ölpumpe in die Motoraggregate befördert wird. Damit der Ölfluss nicht ins Stocken gerät, wird im Motor automatisch, wenn der Ölfilter verstopft sein sollte, ein Bypass geöffnet und der Filter kurzgeschlossen, damit überhaupt Öl im Motor fließen kann. Dann fließt das Öl aber ungefiltert im Motor! Dieser Fall sollte, besonders beim Pflanzenölbetrieb, niemals eintreten.

Verschmutzungen

Wenn Pflanzenöl mit der Luft in Berührung kommt, verharzt es und wird fest. Wenn man beim Tanken Pflanzenöl verschüttet hat, und dieses auf den Lack des Fahrzeugs gelangt ist, sollte man es sofort abwischen. Ist es erst mal einige Tage alt, bekommt man es nur mit großer Mühe entfernt. Es gibt da verschiedenste Rezepte zum Lösen der Verkrustungen, bei mir wirkt am Besten Küchenreiniger mit Fettlösekraft und Handreiniger ohne Schmirgelstoffe.

Störungsdiagnose

Der Motor springt nicht an

- Kraftstofffilter verstopft
- Tanksieb verstopft
- Luft im Kraftstoffsystem
- Glühkerzen defekt oder deren Sicherung
- Einspritzdüsen verschlissen
- Kraftstoff in den Leitungen durch geringe Temperaturen versulzt
- Kraftstoffpumpe defekt
- Einspritzpumpe verstellt oder defekt
- Elektrischer Absteller an der Einspritzpumpe defekt (muss bei Zündung ein/aus klicken)

Der Motor läuft gut, springt aber nach längerem Stillstand schlecht an

- Kraftstoffsystem oder Einspritzpumpe haben ein Leck und ziehen bei Stillstand Luft. Der Motor springt erst dann wieder an, wenn die Luft von der Förderpumpe beseitigt ist. Luftleck ermitteln und beseitigen. Rundziehende Einohrschellen verwenden.

Unrunder Motorlauf

- Ventile falsch eingestellt
- Einspritzdüsen verkokt oder verschlissen
- Unzureichende Pflanzenölvorwärmung
- Schlechte Kraftstoffversorgung durch zu enge Leitungen oder verstopftem Filter
- Luft im Kraftstoffsystem

Unrunder Motorlauf / Nageln

- Einspritzdüsen verkokt oder verschlissen
- Rücklaufleitung verstopft
- Unzureichende Pflanzenölvorwärmung
- Einspritsystem verschmutzt
- Förderbeginn zu „früh" eingestellt

Unzureichende Motorleistung

- unzureichende Pflanzenölvorwärmung
- Kraftstofffilter verstopft
- Tanksieb verstopft
- Luftfilter verschmutzt
- Fördermenge zu gering (Vorförderpumpe nötig)

- Querschnitt Kraftstoffleitung zu klein
- Einspritzmenge zu gering
- AGR Ventil hängt
- Förderbeginn zu „spät" eingestellt

Starker Rußausstoß

- verschmutzter Luftfilter
- zu große Einspritzmenge
- schlechte Zerstäubung des Kraftstoffs durch verschlissene oder verkokte Düsen
- unzureichende Pflanzenölvorwärmung
- AGR Ventil hängt

Hoher Kraftstoffverbrauch

- Fahrzeug entmisten ☺
- Luftfilter verstopft
- zu große Einspritzmenge
- falsch eingestellte Ventile
- verschlissene Einspritzdüsen
- Förderbeginn zu „spät" eingestellt

Steigender Ölstand

- Kraftstoff wird schlecht zerstäubt und verbrennt unvollständig. Der überschüssige Kraftstoff kondensiert an der Zylinderwand und fließt ins Motoröl. Dadurch wird das Motoröl verdünnt und es führt zur Verseifung und Verklumpung des Motoröls. Sofortigen Ölwechsel durchführen und Ursache ermitteln.

Schaumiger Belag am Ölpeilstab

- Öl ist durch ständigen Kraftstoffeintrag verdünnt und die schaumhemmenden Additive sind unwirksam geworden. Eine andere Ursache ist Wassereintrag - Kondenswasser – ins Motoröl durch häufigen Kurzstreckenbetrieb. Motoröl wechseln und Ursache beseitigen.

Weißer Auspuffqualm bei kaltem Motor

- relativ normal, besonders bei Direkteinspritzern. Hervorgerufen durch unverbrannte Kohlenwasserstoffe beim Startvorgang.

Weißer Auspuffqualm bei warmem Motor

- Zylinderkopfdichtung defekt
- Riss im Motorblock oder Zylinderkopf

101

-   Wasser im Kraftstoff

Blauer Auspuffqualm bei kaltem Motor

-   relativ normal, unvollständig verbrannter Kraftstoff durch kalten Motor
-   defekte Vorglühanlage

Blauer Auspuffqualm bei warmem Motor (Ölverbrauch hoch)

-   verschlissene oder verkokte Kolbenringe
-   Kolbenschaden
-   verschlissene Ventilschaftdichtungen
-   zu dünnflüssiges Motoröl

Motor geht während der Fahrt aus, als wäre er abgeschaltet worden

-   Höchstwahrscheinlich ein Verteilerkolbenfresser ! Um dies zu prüfen, kann man auf zweierlei Weise vorgehen: Entweder man schraubt eine Einspritzleitung vom Düsenstock ab und dreht mit dem Anlasser den Motor durch. Wenn aus der Einspritzleitung kein Kraftstoff austritt ist die Einspritzpumpe im Eimer. Oder man schraubt (nur bei einer Axial-kolbenpumpe) die zentrale Verschlussschraube auf und hält einen Nagel hinein. Beim Durchdrehen des Motors muss hier eine Hubbewegung spürbar sein, sonst ist es ein sicheres Indiz für einen Verteilerkolbenschaden.

Informationen und Bezugsquellen

Da es mir leider nicht möglich ist, dem Leser zu garantieren, dass hier veröffentliche Adressen seriös und aktuell sind/bleiben und da es mittlerweile auch zum Thema Pflanzenöl recht Zweifelhaftes gibt , habe ich darauf verzichtet an dieser Stelle kostenlose Werbung zu machen. Allerdings kann sich der Interessierte auf meiner Internetseite www.fat-to-fuel.de zum Thema „Pflanzenöl und die Verwendung als Kraftstoff" über interessante Webseiten oder Bezugsquellen informieren. Ich werde mich bemühen diese Seiten so aktuell wie möglich zu halten.

Verwendete Quellen

(die aufgeführten Bücher kann ich übrigens jedem empfehlen, der sich ein wenig intensiver mit dem Thema beschäftigen möchte)

Vogel Fachbuch Technik
Otto- und Dieselmotoren von Heinz Grohe
Vogel-Buchverlag Würzburg
ISBN 3-8023-0052-1

Vogel Fachbuch Service Fibel
Diesel Einspritztechnik
Vogel-Buchverlag Würzburg
ISBN 3-8023-1915-X

Bosch
Dieselmotor Management
Vieweg Verlag
ISBN 3-528-13873-4

Recherchen zum Thema im Internet.

Mein besonderer Dank an

Rainer Ruppert
British Cars
Poststraße 19
56743 Mendig
Tel.: 02652 9358888
www.evo-camper.de

**Der immer die richtigen Ersatzteile auf Lager
hat und mich mit Rat und Tat beim Schrauben an meinem Landrover unterstützt hat!**